W0189778

Helmut Mauch

Hubschrauber

Zivile Helikopter:
Geschichte
Technik · Typen

Impressum

Ein kostenloses Gesamtverzeichnis erhalten Sie beim
GeraMond Verlag
D-81664 München

Unser komplettes Programm:

www.geramond.de

Produktmanagement: Lothar Reiserer
Lektorat: Michael Dörflinger
Layout: BUCHFLINK Rüdiger Wagner, Nördlingen
Herstellung: Thomas Fischer
Printed in Italy by Printer Trento S.r.l.

Alle Angaben dieses Werkes wurden vom Autor sorgfältig
recherchiert und auf den aktuellen Stand gebracht sowie vom
Verlag geprüft. Für die Richtigkeit der Angaben kann jedoch
keine Haftung übernommen werden. Für Hinweise und
Anregungen sind wir jederzeit dankbar. Bitte richten Sie
diese an:
GeraMond Verlag
Lektorat
Innsbrucker Ring 15
D-81673 München
e-mail: lektorat@geranova.de

Titelbilder:
Vorderseite – EADS
Rückseite – Michael Mau

Die Deutsche Bibliothek – CIP Einheitsaufnahme
Ein Titeldatensatz für diese Publikation ist bei der
Deutschen Bibliothek erhältlich.

© 2006 GeraMond Verlag GmbH
ISBN 3-7654-7046-5

Vorwort

Betrachtet man die gegenwärtige Leistungsfähigkeit der modernen Hubschrauber und denkt an die unzähligen Schwierigkeiten, mit denen die Pioniere der Drehflügelsparte konfrontiert wurden, darf uns der gewaltige Entwicklungsschub innerhalb nicht einmal eines Jahrhunderts durchaus in Staunen versetzen.

In diesem Buch werden hauptsächlich die Hubschraubertypen angesprochen, die über längere Zeit gegenüber den scheinbar dominierenden der Flächenflugzeugen die Kategorie der Drehflügler nachhaltig vertreten haben und auch gegenwärtig repräsentieren. Es werden dabei Exemplare der verschiedenen Konstruktionsrichtungen beschrieben und ihre technischen Besonderheiten herausgestellt.

Es wird beim Durchblättern deutlich, dass sich im Laufe der Hubschraubergeschichte nur einige Entwurfsprinzipien durchgesetzt haben und dass die Weiterentwicklung sich mehr auf Details und besonders auf die Verwendung neuer Technologien und Materialien konzentrierte.

So sind auch Hubschraubertypen, die man sonst nur aus dem militärischen Bereich kennt, in ihrem zivilen weltweiten Aufgabenspektrum berücksichtigt. Der alltägliche Einsatz von Rettungshubschraubern oder der zunehmende Anteil an der Brandbekämpfung und bei Spezialtransporten trägt zur zunehmenden Akzeptanz nicht nur als Reisevehikel bei.

Obwohl das Erlernen des Hubschrauberfliegens wesentlich mehr Schwierigkeiten bereitet, sind auch hier durch technische Verbesserungen Erleichterungen geschaffen worden. Wie das Steuern der Flächenflugzeuge prinzipiell gleich funktioniert, ist dies auch bei den Hubschraubern trotz deutlich unterschiedlicher Entwürfe ähnlich.

Aufgrund des immensen Variantenreichtums war es nicht möglich, alle Muster zu behandeln, dennoch wird Ihnen dieses Buch einen aufschlussreichen Querschnitt durch die Welt des Hubschraubers bieten.

Helmut Mauch im September 2006

Die Pioniere der Fliegerei nahmen sich seit den frühesten Versuchen stets den Vogelflug, also die Bewegung in der Luft mittels beweglicher oder starrer Schwingen zum Vorbild. Wann die Idee des freien Fluges mit drehenden Flügeln aufkam, ist nicht mehr exakt nachweisbar, fest steht jedoch, dass bereits vor mehr als 400 Jahren Leonardo da Vinci über das Prinzip der Hubschraube nachgedacht hatte. Auch der Begriff des Helikopters entstammt, abgeleitet aus dem griechischen „spiralig" und „Flügel", seiner Beschreibung.

Doch zur brauchbaren Vollendung seiner richtungweisenden Konstruktion,

Eine Zeichnung aus Leonardo da Vincis Hand gab schon vor 400 Jahren die Ideen-Richtung vor. Doch der Weg von der Idee zur Umsetzung war noch weit, denn das Problem des Antriebs blieb ungelöst.

bis die aerodynamischen, flugtechnischen Probleme und die des Antriebes gelöst werden konnten, dauerte es Jahrhunderte.

DER ERSTE HELIKOPTER HEBT AB

Nach Experimenten mit Handkurbeln, Fußpedalen und Dampfmaschinen sowie Elektromotoren setzte sich endlich der Verbrennungsmotor durch, der im Jahr 1907 den ersten reinen Hubschrauberflug mit dem Franzosen Paul Cornu am Steuer einer Breguet-Maschine ermöglichte.

Jahre zuvor und danach verhalfen unzählige Modellversuche und persönliche Experimente zur Kristallisation der gebräuchlichsten Konstruktionsrichtungen. Parallel zum reinen Drehflügler entpuppte sich auch die Klasse der Gyrocopter, die jedoch nur in den kurzen Phasen des Starts und der Lan-

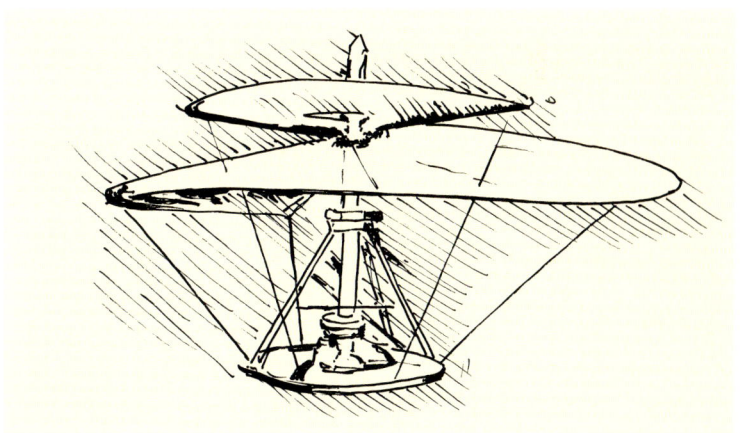

Der erste freie Flug gelang Paul Cornu 1907 für 30 Sekunden knapp über dem Boden.

dung den Vorzug des rotierenden Flügels nutzen können.

Außer der Anordnung des Antriebes wurden verschiedene Rotoren in unendlich erscheinendem Formen-Reichtum erprobt. Die Steuerung blieb lange Zeit das größte Hindernis. Die noch ungewohnten Reaktionen des Fluggerätes, der hohe Kraftaufwand und die Unzuverlässigkeit mancher verwendeter Materialien erforderten intensive Erprobungen. Auch die Anordnung mehrerer Rotoren endete wie viele Entwürfe in einer Sackgasse.

DAS PROBLEM DER ROTOREN

Man erhoffte den erforderlichen Auftrieb durch mehrfache Anbringung von Rotoren zu erzeugen, da die verfügbaren Triebwerke noch zu leistungsschwach waren. Doch mit zunehmender Komplexität der Konstruktion wuchs

gleichzeitig der technische Aufwand der Steuerung. Während die Fluglagekontrolle bei Mehrfachrotorsystemen durch Veränderung des Auftriebes der einzelnen Kreisflächen bewältigt wurde, erzielte man mit Einzelrotoren das Verbleiben im stationären Schwebeflug sowie die Lenkung in beabsichtigte Flugrichtungen durch Neigung der Rotorkreisfläche.

Ein nicht zu unterschätzendes Problem zeigte sich beim Ausgleich des Drehmoments – der Kraft, die der Drehung eines Rotors entgegenwirkt. Eine Lösung bietet das koaxiale System, bei dem beide Rotoren übereinander in entgegengesetzter Richtung drehen. Die Antriebswelle des oberen Rotors dreht in der Hohlwelle des unteren Drehflügels. Das Konstruktionsprinzip wurde bereits auf sehr alten Zeichnungen gefunden und findet auch noch gegenwärtig Anwendung.

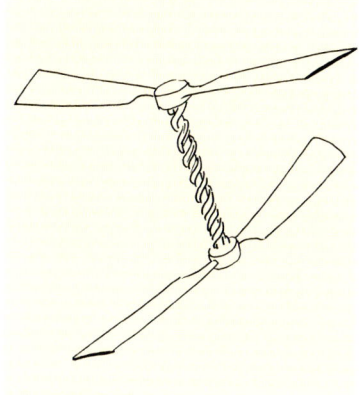

Bei einem uralten chinesischen Spielzeug wurde ...

Eine andere Möglichkeit des Drehmomentausgleiches fand man durch Anbringen eines Hilfsrotors am Ende eines Auslegers mit Hebelarm. Dieser einem Verstellpropeller ähnliche Rotor übernimmt auch gleichzeitig die Steuerung um die Vertikalachse des Hubschraubers. Diese Version ist stellvertretend für eine der Hauptkonstruktionsrichtungen im Hubschrauberbau.

Eine verwandte Lösung wurde mithilfe eines seitlichen Auslegers versucht, an dem ein Zug- oder Druckpropeller wirkte und neben dem Torque-Ausgleich auch den Vorwärtsflug beeinflusste.

Eine begrenzte Wirkung erreichen bei manchen Drehflüglern unterhalb des Hauptrotors bewegliche Flächen, die bei veränderter Anstellung ein der Steuerung entsprechendes Moment erzeugten.

Ein auch gegenwärtig noch verbreitetes Prinzip des Tandemrotors funktioniert auf der Basis der gegenläufigen Drehrichtung. Wie bei der „Fliegenden Banane" von Vertol bewegen sich die beiden Rotoren in Flugrichtung betrachtet hintereinander und höhenmäßig gestaffelt. Eine andere Ausführung zeigt seitliche Anordnung der gegenläufigen Rotoren, wobei sie sich aerodynamisch weniger stören. Die ersten bekannten Muster entstanden bei Focke in den 30er-Jahren und wurden als bauliche

... das Drehmoment ausgeglichen (links oben).
Unten vier Arten des Drehmomentausgleichs.

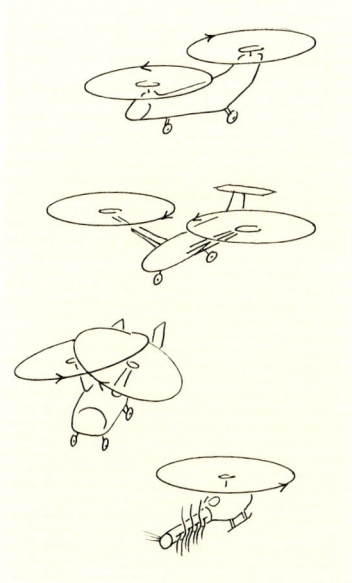

Maximallösung in der Mi-12 im Jahr 1971 verkörpert.

Eine weitere, sehr ungewohnt anmutende Idee des Drehmomentausgleichs und der Verkleinerung des Tandemsystems fand im ineinander kämmenden (intermeshing) Rotor Verwirklichung. Die Ausführung A. Flettners aus den 30er-Jahren wird heute noch bei Kaman konstruktiv umgesetzt. Die beiden Antriebswellen sind etwa 30 Grad auseinander geneigt, so dass sich die zweiblätterigen Rotoren nicht berühren können.

REAKTIONSANTRIEB STATT HECKROTOR

Die ultimative Unterdrückung des Torque-Effektes des Hubschraubers wurde beim heckrotorlosen Modell praktiziert. Anstelle des Ausgleichsrotors wird ein aerodynamischer Effekt genutzt sowie durch einen gebläseunterstützten Überdruck im Heckausleger und dessen Ausblasung ein Gegenmoment erzeugt.

Eine weitere Art, das allgegenwärtige Drehmoment zu vermeiden, war die Umgehung des direkten Wellenantriebes des Hauptrotors. So wurde auf verschiedene Art der Reaktionsantrieb entwickelt. Man leitete entweder Abgase einer Turbine durch die Rotorblätter, wo sie beim Austreten aus deren Enden durch Rückstoß den Rotor in Umdrehung versetzten, oder verwendete an dieser Position Staustrahltriebwerke. Doch hoher Kraftstoffverbrauch und hoher Lärmpegel führten letztlich zum Verzicht auf dieses Antriebsprinzip.

STEUERUNG DES HUBSCHRAUBERS

Die Beherrschung der Fluglage scheint auch gegenwärtig noch teilweise ein Geheimnis zu sein. Diese ist jedoch keinem Zufall ausgeliefert und ermöglicht ein Lenken mit höchster Präzision, die auch im Einsatzspektrum des Drehflüglers unumgänglich ist.

Prinzipiell muss die Kontrollierbarkeit eines Hubschraubers um die bekannten Bewegungsachsen gewährleistet sein, zusätzlich ist auch die Bewegung entlang dieser Achsen möglich. Nur so ist die faszinierende Manövrierbarkeit erreichbar.

Oberste Priorität bei der Problematik der Steuerung besitzt die Richtung des Gesamtauftriebs der Hauptrotorkreisfläche. Diese Tatsache wurde bereits zu Beginn der ersten Freiflugversuche erkannt und man sicherte die Experimente mit Fesselung. Auch Verschiebung des Schwerpunktes wurde erwogen.

Die Richtung der Schubachse des Rotors veränderte man auch mithilfe der Rotorkipp- und der Rotorkopfschiebesteuerung.

Während der Auftrieb, der sich gleichmäßig über der Kreisfläche verteilt, durch die kollektive Blattsteuerung verstellt wird, verändert man diese Verteilung durch die periodische Steuerung. Beide Steuerorgane überlagern sich und sind mechanisch voneinander unabhängig. Diese zyklische Blattverstellung bewirkt eine Veränderung des Blatteinstellwinkels während des Umlaufs und durch unterschiedliche Auftriebsverteilung ein Neigen der Rotorkreisfläche – auch in die beabsichtigte Richtung.

Grundvoraussetzung für eine aerodynamische Steuerbarkeit des Rotors ist die Beweglichkeit der einzelnen Rotorflügel, später Rotorblätter genannt. Zumeist wurde der Auftrieb noch durch Veränderung der Drehzahl gesteuert.

Die zyklische Blattverstellung bewirkt die Neigung der Rotorkreisfläche, während die kollektive den Gesamtauftrieb simultan verändert.

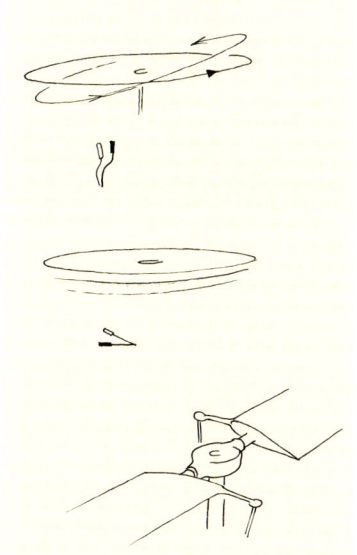

Mit deren Schwankung wechselte jedoch auch die Biegebelastung der Blätter, abhängig von Zentrifugalkraft, Auftrieb und Gewicht. Um die Drehzahl bei gleichzeitiger Veränderbarkeit der Rotorleistung konstant halten zu können, wurden nun die Blattwurzeln an der Rotornabe mit Gelenken versehen, die ein Verdrehen um die Blattachse ermöglichen.

So entstand die Steuereinheit der kollektiven Verstellbarkeit der Blätter – ähnlich der Propellerverstellung der Flugzeuge, „pitch" genannt. Damit aber auch die Lage der Rotorkreisfläche manipuliert werden kann, musste ein weiteres Steuerorgan konstruiert werden. Dieses bestand ursprünglich sogar aus kleineren horizontalen Rotoren, welche den Hauptrotor in bestimmte Richtung kippen konnten, wodurch die Position über Grund kontrolliert sowie die der Neigung entsprechende Flugrichtung bestimmt wurde.

Diese letzte Lenkungskomponente wurde in den 30er-Jahren durch die periodische Blattwinkelverstellung ersetzt. So konnten am Rotorkopf sämtliche Blätter gleichzeitig während des Umlaufs kollektiv und periodisch verstellt werden. Für den Drehmomentausgleich setzte man beim einrotorigen System nur noch einen Ausgleichsrotor ein, der sich am Heckausleger auch heute noch bewährt.

Die Blattwinkelsteuerung wird durch Verstellhebel an der Blattwurzel – bei komplexeren Mustern durch Hydraulik unterstützt – ermöglicht. Auch durch

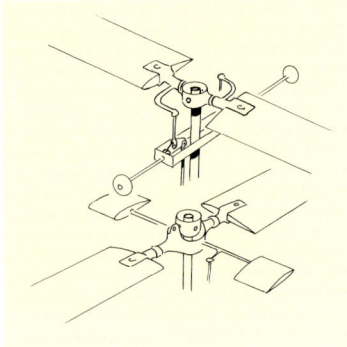

Steuerung und Stabilisierung des Systems Bell (o.) und Hiller (u.)

Starrflügler bekannte zentrale Steuerknüppel übernahm die Funktion der Längs- und der Quersteuerung – analog zu der Lagesteuerung des Flugzeugs mit Höhen- und Querruder. So bewirkt der „stick" über die periodische Verstellung der Rotorblätter eine Neigung der Rotorebene in die beabsichtigte Richtung.

ANFORDERUNGEN AN DEN PILOTEN

aerodynamische Hilfe können die enormen Kräfte im Rotorsystem überwunden werden. Mit so genannten Paddeln – ähnlich einem kleinen Rotor zwischen den Hauptrotorblättern – wird die periodische Steuerung erreicht. Mit dem Gewicht der Paddel erzielt man simultan eine Kreiselwirkung, die zur Flugstabilität eingesetzt wird.

Dieses System wird bei Zweiblattrotoren von Hiller verwendet, eine ähnliche Variante stellt der Twinrotor von Bell dar.

Eine weitere Lösung des Steuerungsproblems bot sich durch die Anbringung von so genannten Flettner-Rudern an der Hinterkante der Rotorblätter, wie sie auch noch gegenwärtig bei Kaman eingesetzt werden, bekannt durch die gegenläufig drehenden, ineinander kämmenden Zweiblattrotoren.

Die ungewöhnliche Beweglichkeit des Hubschraubers erforderte auch ungewohnte Bedienelemente. Der vom

Neben der zyklischen Steuerung wird die kollektive, gleichzeitige und gleich große Verstellung der Blätter mit dem „pitch" betätigt. An diesem Hebel zur Linken des Piloten ist auch ein Drehgriff zur Kontrolle der Triebwerksleistung integriert.

Bei turbinengetriebenen Hubschraubern übernimmt ein Regler das Drehzahl-Verhalten.

Wie der Starrflügler verfügt der Drehflügler für die Richtungskontrolle über zwei Fußpedale. Damit wird der Einstellwinkel der Heckrotorblätter verändert und damit sind vollständige Drehungen in einer Position möglich. Hauptaufgabe des Heckrotors ist jedoch der Drehmomentausgleich, für den dieser Rotor eine Grundeinstellung aufweist.

Die Steuerung eines Hubschraubers erfordert auch heute noch viel Koordinationsvermögen des Piloten, da bei Verändern einer Steuerungskomponente sämtliche anderen entsprechend angeglichen werden müssen. Diese Koppelungs-Effekte erschweren be-

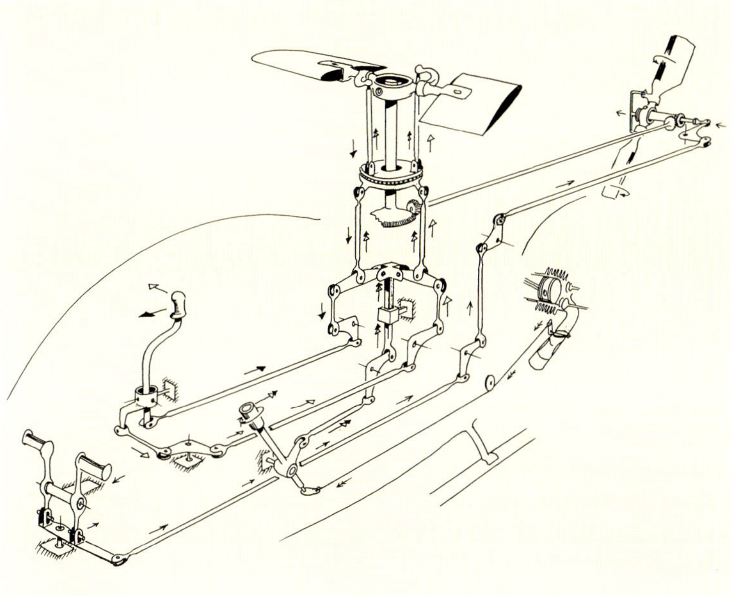

Vereinfachte Darstellung der Steuerungskomponenten des Hubschraubers

sonders die Schulung eines Anfängers. Für einen Flächenpiloten ergeben sich beim Umstieg auf Hubschrauber nur Umgewöhnungs-Probleme, die jedoch rasch überwunden werden. Auf den fliegerischen Anfänger strömt ebenfalls ein ungewöhnliches Quantum von Mehrfacharbeit ein, da der Hubschrauber ständig um seine Bewegungsachsen und entlang dieser überwacht sein muss.

Für den Vorwärtsflug bestehen einige Unterstützungshilfen zu dessen Stabilisierung und zur Entlastung des Piloten. Am Rumpfende des Drehflüglers können vertikale Flossen die Richtungskontrolle erleichtern. Sie sind je-

doch starr und können während des Vorwärtsfluges durch Einstellung oder entsprechende Profilierung die Wirkung des Heckrotors erhöhen. Eine ebenso am Heck befindliche, meist starre horizontale Flosse trägt zur Stabilisierung um die Querachse im Vorwärtsflug bei.

Horizontale und vertikale Stabilisierungsflossen

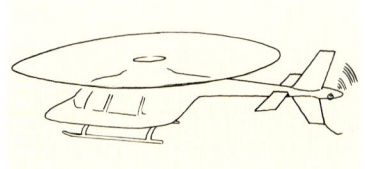

Genauso wie bis zur Beherrschung des stationären Schwebefluges viele ungeahnte Schwierigkeiten zu überwinden waren, standen dem Vorwärtsflug noch viele Hindernisse im Wege.

Es bilden sich während der Vorwärtsfahrt am horizontal bewegten Hauptrotor verschiedene Anströmgeschwindigkeiten. So addiert sich am so genannten vorlaufenden Blatt zur Anströmung aus der Drehebene die Fluggeschwindigkeit, während sie sich am rücklaufenden Blatt subtrahiert. Diese unsymmetrische Auftriebsverteilung leitet eine Rollbewegung (um die Längsachse) ein. Diese wird durch konstruktive Maßnahmen in Rotorkopfnähe vermindert. Durch Schlaggelenke kann das vorlaufende Blatt nach oben ausweichen und das rücklaufende nach unten. So besaßen die Zweiblattrotoren schon früh ein gemeinsames Schlaggelenk.

Bei Fahrtaufnahme leitet die Auftriebsungleichheit eine Rollbewegung ein.

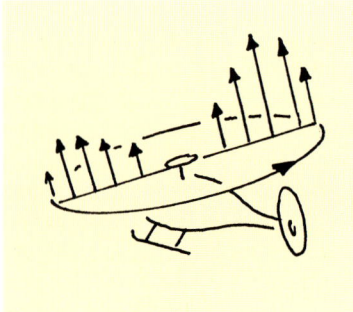

Durch die Schlagbewegung ändert sich eine Anströmkomponente und diese wirkt auf die Auftriebsverteilung mehr ausgleichend ein. Zusätzlich ändert sich durch die Neigung des Rotors in Fahrt die effektive Anströmrichtung dahingehend, dass der Auftriebsunterschied der „rücklaufenden" und der „vorlaufenden" Rotorkreishälften nahezu kompensiert wird.

Dennoch ist die Maximalgeschwindigkeit des Hubschraubers begrenzt. Während das zurückdrehende Rotorblatt zu geringe Anströmgeschwindigkeit bei zu großem Anstellwinkel erfährt und den Strömungsabriss einleitet, kann sich das vorlaufende Blatt bei zu hoher Anströmgeschwindigkeit den Erscheinungen der hohen Unterschall-Strömung nähern.

Auch die Kompensation des Drehmomentausgleichs zeigte im Verlauf der Entwicklungsgeschichte des Hubschraubers viele Varianten. Neben den Versionen des Koaxial-, des Tandem- und der ineinander kämmenden Rotoren existieren heute nur noch überwiegend die Ausführungen des freien Heckrotors, des integrierten oder ummantelten Heckrotors (Fenestron) sowie der heckrotorlose (NOTAR) Hubschrauber.

Während der ständigen technischen und aerodynamischen Verbesserungen im Flugzeugbau gelangen im Drehflüglerbereich genauso revolutionäre Entwicklungen. So konnte ein hoher Anteil

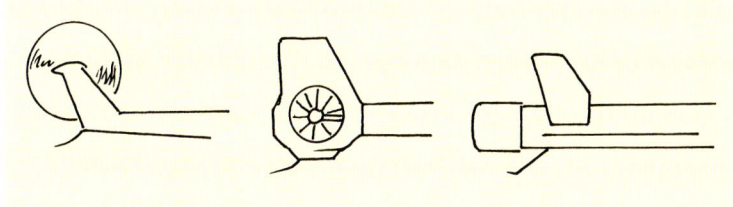

Über den freien und integrierten Heckrotor (Fenestron) entwickelte sich das Heckrotor-lose System (NOTAR).

der Konstruktionen aus Faserverbund-Werkstoffen hergestellt werden. Diese wurden in flächigen sowie in hochbeanspruchten Bauteilen verwendet.

DER STARRE ROTORKOPF

Eine der auffälligsten Entwicklungen im Hubschrauberbau stellt der so genannte starre Rotorkopf dar. An dieser aus einem Teil bestehenden Titannabe sind die Rotorblätter aus Kunststoff angeschlossen. Dieser gelenklose Rotor ermöglicht eine hohe Wendigkeit bis zum Fliegen von Akrobatikmanövern.

Eine ähnliche Mimik hat der Starflex-Rotor.

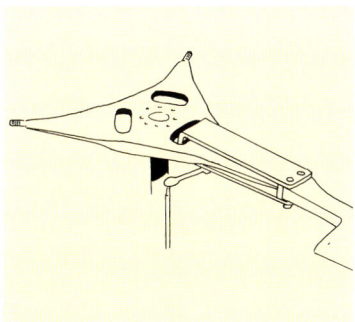

Jedoch weist auch dieser starre Rotor Quasi-Gelenke auf. Im Blattwurzelbereich sind die Kunststoffblätter entlang der Blattdrehachse verjüngt, so dass hier die Beanspruchungen der Biegekräfte aufgenommen werden.

Manche Hersteller wenden das Prinzip des halbstarren Rotorsystems an. Die hier verarbeiteten Metall-Legierungen und Kunststoffe gewährleisten ebenfalls hohe Beanspruchbarkeit bei erstaunlicher Flexibilität.

KUNSTSTOFFE KOMMEN ZUM EINSATZ

Die aus Glasfaser und Kohlefaser gefertigten Rotorblätter hatten bereits in den 50er-Jahren ihre bauliche Bewährungsprobe bestanden: Noch vor Vollendung eines Kunststoff-Segelflugzeugs drehten sich die Windmühlenflügel eines Windkraftwerks. Diese bestanden aus Kunststoff.

Bei der Auf- und Abwärtsbewegung der Rotorblätter während des Vorwärtsfluges – der Schlagbewegung – verkürzen sie phasenweise ihren Abstand zur Rotorachse. Während dieses

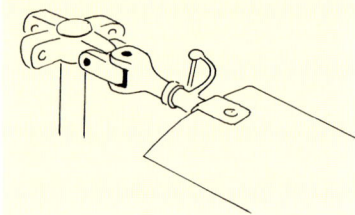

Rotorkopf mit Schlag- und Schwenkgelenken

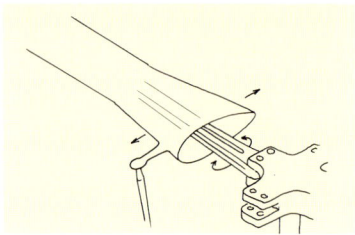

Von MBB entwickeltes gelenkloses System

Zustandes wird der Drehimpuls erhalten, so dass die Blätter entlang der Drehebene beschleunigt bzw. verlangsamt werden. Diese Erscheinung nennt man auch Pirouetten-Effekt. Auch diese von der Coriolis-Kraft hervorgerufenen Einwirkungen werden von den Schwenkgelenken abgeleitet.

Solche kardanischen Gelenke werden bei Rotoren mit mehr als zwei Blättern eingebaut.

Auch die Heckrotoren müssen außer der kollektiven Blattverstellung Gelenke aufweisen, da auch sie bei Fahrt eine unsymmetrische Anströmung erfahren.

Im modernen Hubschrauberbau wurde das Wunschziel des vollkommen gelenklosen Rotors sogar soweit übertroffen, indem außer Schlag- und Schwenkgelenken auch das Drehgelenk ersetzt werden konnte. Die Verwirklichung funktioniert durch Ausformung der Blattwurzel in so genannte Drallelemente, die in ärmelförmigen Profilhülsen fußen und somit Einstellwinkeländerungen zulassen.

Diese als „weiche" Heckrotoren bekannten Konstrukte basieren auf ähnlichem Prinzip.

Zu Beginn der Hubschrauber-Ära war man überwiegend von der Absicht beseelt, kontrolliert in die Luft zu gelangen. Dem Gedanken an die Möglichkeit einer ausreichend sicheren Landung nach Ausfall des Antriebes wurde offenbar wenig Zeit gewidmet.

Der Autorotationszustand, in dem sich der Tragschrauber (Gyrocopter) ständig befindet, konnte von den meisten Hubschraubern lange nicht eingenommen werden. Demnach muss der Einstellwinkel der Rotorblätter bei Versagen der Kraftquelle unverzüglich auf ein Minimum reduziert werden, da sonst die Drehzahl drastisch abnimmt, die Strömung abreißt und die Sinkrate zu hoch wird.

Während im motorgetriebenen Flugzustand der Rotorstrahl von oben nach unten durch die Rotorebene fließt, sind die Verhältnisse im Autorotationsflug umgekehrt. Der Sinkflug ist dabei vergleichbar mit dem selbstdrehenden geflügelten Samenkorn des Ahornbaumes.

Beim Übergang des Hubschraubers vom motorgetriebenen in den Autorotationszustand werden bis zu dessen Anfachung mehrere Hundert Fuß Höhe verbraucht.

Hierbei spielt neben der Höhe über Grund auch die Fahrt zum Zeitpunkt des Triebwerksausfalls eine wichtige Rolle. Bei der Beachtung der erforderlichen Bedingungen für eine Autorotationslandung legt man das berühmte Höhen-/Fahrt-Diagramm zugrunde.

Autorotationslandungen sind heutzutage fester Bestandteil einer Hubschrauber-Pilotenausbildung.

Zur Vergrößerung der Antriebsleistung und Erhöhung der Sicherheit ist seit jeher der Einbau eines zusätzlichen Triebwerks einkalkuliert worden. Damit konnte die Möglichkeit des

Verlauf des Rotorstrahls im motorgetriebenen Vorwärtsflug (o.) und im Autorotationszustand (u.)

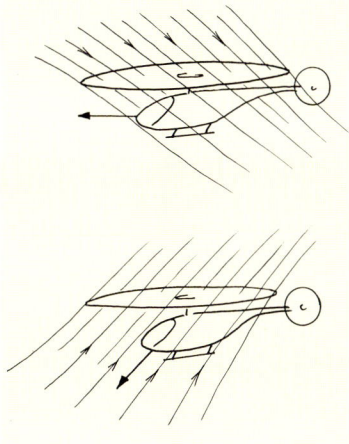

Zwanges zu einer Autorotation etwas abgeschwächt werden, aber es mussten ein größerer baulicher Aufwand und höheres Gewicht in Kauf genommen werden.

In der Entwicklungsgeschichte des Hubschraubers wird trotz der vielseitigen Verwendbarkeit wiederholt die Kompromisslösung deutlich. Schon bei der Betrachtung des Hauptrotors fallen viele Varianten auf. Der Zweiblattrotor weist eine höhere Blattbelastung auf als ein mehrblätteriges System. Hier ist wiederum der Rotorkopf komplexer, diese Ausführung ist meist schwingungsärmer.

VERWENDUNGSZWECK BESTIMMT TECHNIK

Schon die äußere Form des Hubschraubers lässt seinen jeweiligen Einsatzzweck erkennen. Die allerersten Drehflügler waren zunächst von der Absicht geprägt, erst einmal vom Boden abzuheben. So sind auch die gebräuchlichsten Schulmaschinen einfach und für wenige Personen ausgelegt, da hier auch der finanzielle Aufwand Priorität hat. Im Vergleich hierzu stellt man an Hubschrauber für Aufgaben wie z. B. Suche und Rettung, Polizeieinsätze und Überwachungsflüge wesentlich höhere Ansprüche.

Diese Maschinen sind überwiegend mit zwei Triebwerken ausgestattet, manche übernehmen je nach Ausrüstung verschiedene Aufgaben wie Personentransporte, Innen- und Außenlastflüge, Arbeitsflüge zur Montage von Antennenmasten und im Forst.

Die hauptsächlich für Personentransport und Reiseflug entworfenen Drehflügler fallen durch ihr flugzeugähnliches, widerstandsärmeres Image auf. Sie erreichen Geschwindigkeiten von über 300 km/h.

MODERNE ELEKTRONISCHE HILFSMITTEL

Der unaufhaltsame technische Fortschritt hat auch das Innenleben des Hubschraubers nachhaltig verändert. So wurden Elemente zur Unterstützung der Flugstabilität übernommen, Triebwerke sind im Betrieb computergestützt und dadurch geschützt.

Wie üblich hat auch das digitale Glascockpit Einzug gefunden und ist für Manche erst auf den zweiten Blick von dem eines Flächenflugzeuges zu unterscheiden.

Bei der Flugsteuerung wurde ein Optimum an Stabilität bei bestmöglicher Steuerbarkeit erreicht. Letztere wurde schon früh durch zum Teil doppelte Hydraulikunterstützung gesichert. Auch im Bereich der Übertragungsmöglichkeiten der Steuerimpulse vom stehenden zum drehenden Teil der Anlagen gibt es Bestrebungen, neben der Funktion der Taumelscheibe eine einzelne Blattansteuerung zu verwirklichen. Die „Fly-by-Wire"-Steuerung sowie die Übertragung durch Lichtfasern wird auch vor Hubschraubern nicht Halt machen.

Über so genannte piezoelektrische Elemente werden ruderähnliche Segmente innerhalb der Blattgeometrie gesteuert. Damit sollen Vibrations- sowie Geräuschpegel minimiert werden.

Neuerdings erinnern die Blattenden an die gepfeilten Flügel eines Jets. Damit sollen die Strömungszustände am Entstehungsort der induzierten Widerstandswirbel beruhigt und der Widerstand besonders im Bereich hoher Unterschallströmung verringert werden.

Der zunehmende Unterschied der Anströmgeschwindigkeit zwischen den Rändern des vorlaufenden und des rücklaufenden Blattes mit Vergrößerung der Fluggeschwindigkeit bestimmt auch die Höchstgeschwindigkeit. Selbst der modernste Hubschrauber stößt durch diese aerodynamische Tatsache an seine Grenzen.

Die Anbringung von Tragflächen am Rumpf entlastet zwar den Rotor bei der Auftriebs-Erzeugung in Fahrt, bedeutet aber Mehraufwand und rechtfertigt kaum seine aerodynamischen Vorteile gegenüber dem „reinen" Hubschrauber.

Auf die Tragflächen an Helikoptern wurde wieder verzichtet.

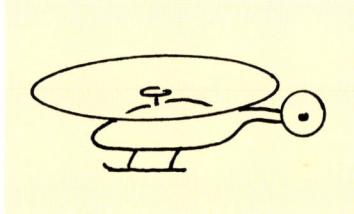

Ohne Rotor am Heck, dennoch sehr wirksam: das NOTAR-System

GEBLÄSE SORGEN FÜR DEN DREHMOMENTAUSGLEICH

Außer der Gegenläufigkeit von zwei oder mehreren Hauptrotoren mit Wellenantrieb bietet sich neben direkt angetriebenen Heckrotoren zum Drehmomentausgleich auch die Wirkung eines am Heck ausströmenden Druckluftstrahls, der von einem Gebläse erzeugt wird und wo über die Pedale eine Kaskade gesteuert wird. Der im Abstrom des Hauptrotors liegende zylindrische Heckausleger kann durch ein Gebläse mit Druckluft versorgt werden, wo diese aus Längsschlitzen ausströmt und mit dem Hauptrotorstrahl einen horizontalen Magnuseffekt entwickelt, der eine der Rotordrehung entgegengesetzte Wirkung erzielt.

Für den Vorwärtsflug unterstützen zwei vertikale, teilweise bewegliche Flossen die Richtungssteuerung.

Um den frei drehenden Heckrotor effektiver wirken zu lassen, wurde er durch profilierte ringförmige Ummantelung eingefasst. Dadurch wird der Randwiderstand der Rotorblätter reduziert. Inzwischen wurde der Fenestron als feste Formgestalt des Heckauslegers geprägt. Ein mehrblätteriger Gebläseläufer dreht in einer entsprechenden Aussparung. Die Leistung dieses Fans wird erhöht, er ist vor Hindernisberührungen geschützt und der Geräuschpegel ist deutlich reduziert. Die Verstellung der Fanschaufeln geschieht über Pedale.

Der umgebende Profilkörper läuft nach oben in einer Vertikalflosse aus, die bei Vorwärtsfahrt das Heckgebläse entlastet.

HUBSCHRAUBERTYPISCHE PHÄNOMENE IN DER FLUGBEWEGUNG

Hubschrauber bewegen sich während der bodennahen Schwebeflug-Manöver vorwiegend unterhalb eines Rotordurchmessers mit der Rotorebene über Grund. So ist eine sofortige Landung nach einer Störung möglich.

Ein weiteres wichtiges Argument liefert der Bodeneffekt, der sich dabei entwickelt und eine spürbare Erhöhung der Rotorleistung gewährleistet. Im Bodeneinfluss kann die Schwebeflughöhe wie beispielsweise im Hochgebirge durchaus erheblich gesteigert werden.

Mit der Fahrtaufnahme schwindet jedoch das Bodenpolster, bis ein für jedes Hubschraubermuster spezifischer Wert erreicht wird und dann der so genannte Übergangsauftrieb einsetzt. Auch hier wird durch schräge Durchströmung des Hauptrotors dessen Leistung deutlich erhöht. Der Leistungsabfall zwischen Bodeneffekt und „translational lift" muss entsprechend dem beabsichtigten Flugmanöver überbrückt werden.

ROLLE DES HUBSCHRAUBERS – MILITÄRISCH UND ZIVIL

Bis sich der Hubschrauber auch auf dem zivilen Sektor voll durchgesetzt hatte, war der militärische Einsatz der Drehflügler längst akzeptiert. Beide Sparten teilten sich lange das Operationsfeld der Suche und Rettung. Wo es sich noch um Transport von schweren Lasten handelte, wurden zunächst entsprechend leistungsstarke Hubschrauber eingesetzt. Hier schien der materielle und finanzielle Aufwand weniger eine Rolle zu spielen. In dieser Kategorie kommen Triebwerke mit mehreren Tausend PS zum Tragen – angesichts des gewaltigen Rotors und des riesigen Rumpfes gerechtfertigt.

Rotorkreisflächen von größerem Ausmaß müssen wiederum mit mehreren Blättern gefüllt werden, das erfordert hohe Triebwerksleistung und höhere Kraftstoffmenge.

Die Verteilung des Gewichts auf zwei Rotoren – basierend auf „uralte" Entwürfe – entlastet zwar die einzelnen Drehflügel, erfordert aber Mehraufwand. Hier wird allerdings der Heckrotor überflüssig, weil die Rotoren gegenläufig das Drehmoment kompensieren.

Je mehr Blätter ein Rotor aufweist, desto mehr werden die einzelnen Blätter entlastet. Je weniger Blätter den Rotorkreis „füllen", desto höher ist deren

Belastung, umso größer muss wiederum ihre Fläche sein, um einen erforderlichen „Füllungsgrad" der Kreisfläche zu erreichen.

Diese Blätter können nicht beliebig lang sein, da sie bei erhöher Drehzahl mit den Blattspitzen in die hohe Unterschallströmung geraten. Eine bestimmte Drehzahl ist jedoch notwendig, um mit der Zentrifugalkraft die Blätter genügend strecken zu können. Zu geringe Drehzahl bedeutet zunehmende Durchbiegung der Drehflügel, bei gelenkigen Rotoren problemlos, doch auch hier wird die gesamte Rotorkreisfläche geringer.

Das Ergebnis ist letztlich ein Kompromiss.

Der Hubschrauber bewegt sich während des Vorwärtsfluges mit seinen aerodynamischen Komponenten in Unsymmetrie. So sind im Extremfall Rotorblätter Strömungsabriss und hoher Unterschallströmung ausgesetzt.

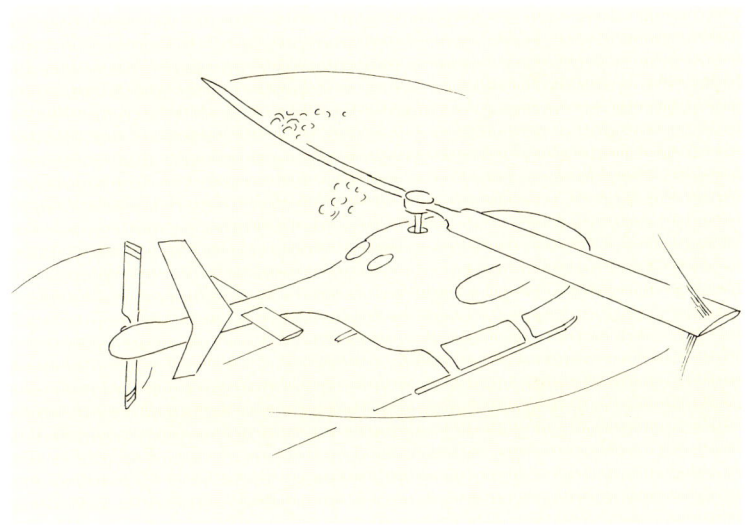

Faszination Helikopter

(vorhergehende Doppelseite) Gipfelstürmer der besonderen Art: der EC-120

Vom Entwurf sehr unterschiedlich, aber im Prinzip die gleichen: EH-101 (links) und EC 120 (oben und unten) Erst bei näherer Betrachtung wird der konstruktive Aufwand sichtbar.

Der Agusta A-109 wird in verschiedenen Varianten eingesetzt.
Auch im Arbeits-Outfit ist er eine elegante Erscheinung.

Für den größten Hubschrauber der Welt betreibt die Moskauer Hubschrauber Fabrik M. L. Mil einen gewaltigen konstruktiven Aufwand.

Das Fenestron-Prinzip des Drehmomentausgleichs findet in West und Ost Anwendung: Links beim Eurocopter EC-120 und rechts beim Kamov 60. Der „westliche" Rotorstrahl wird durch mehrere Statoren geführt, die „östliche" Variante besitzt ein Seitenruder.

Ein typischer Rotorkopf von Sud Aviation: hier beim Eurocopter SA 316 / 319 Alouette III

Maßarbeit muss beim Verladen des Sikorsky S-92 in den Bauch einer Antonov geleistet werden: Eine nützliche Symbiose von Luftfahrzeugen unterschiedlichster Bauart.

Ein bewährter „Himmelskran" Der russische Mi-10, hier noch in sowjetischer Kennung und ohne Last, ist für den Transport von Containern bestens geeignet.

Achtung Eisberg! Der EH 101 der britisch-italienischen Firma EH Industries wird in allen Breiten eingesetzt. Mit drei Triebwerken fühlt sich der Hubschrauber sicherer über arktischer See.

Eine bunte Mischung östlicher und
westlicher Instrumentierung in einem
Hubschrauber russischer Bauart

Bevor der EC 135 zweimotorig und mit Fenestron flog, hieß der Prototyp und Technologie-Demonstrator Bo 108.

Auch wenn es so scheint: Tiere haben keine Scheu vor Hubschraubern, hier Agusta A-109.

Den Traum Vieler hat sich dieser Privatmann erfüllt: auf seiner Luxusyacht „parkt" dieser Agusta A-109 und steht für Ausflüge bereit.

Zivile Hubschrauber der Welt

Aus der „Gazelle" entwickelte sich ein kleiner
„Airliner": Eurocopter EC 155 B

Agusta A-109 Power

Mit diesem Muster, dessen Erstflug im Februar 1995 erfolgte, wurde konsequent die aerodynamisch ideale Formgebung auch für Hubschrauber verfolgt. Diese Linienführung basiert auf den Erkenntnissen der Flächenflugzeuge und gestaltet besonders im Reiseflug den Rumpf widerstandsarm. Dieser Vorteil wird unterstützt durch das einziehbare Bugradfahrwerk. Für Einsätze auf Schneeflächen kann dieses mit Schneekufen ausgestattet werden. Der Sicherheitsfaktor wird verstärkt durch die Installation von zwei Turbinen. Wahlweise gelangt die PW 206 oder die Arrius zum Einbau. Der vierblätterige Hauptrotor ist in Kunststoffbauweise hergestellt, der gelenkige Rotorkopf mit Titanring und Elastomeric-Lagern ermöglicht ein vibrationsfreies Flugverhalten bei außergewöhnlichem Steuerungsvermögen.

Der Rumpf nimmt total acht Personen inkl. Piloten auf. Die Passagierkabine bietet zwei Dreiersitze gegenüber angeordnet. Das Cockpit ist präzise nach ergonomischen Prinzipien eingerichtet. Sämtliche Fenster sind im Rumpfstrak integriert und nicht zu öffnen, dafür sorgt ein Environment Control System für klimatischen Komfort (ECS).

Flug- und Triebwerksüberwachung sowie Navigationsgeräte sind überwiegend auf LCD ausgelegt. Auch Wetterradar und Ground Proximity Warning

Im LCD-Outfit vom GPS über Fluglage- und Triebwerksüberwachung untergebracht: der Arbeitsplatz des Piloten des Agusta A-109.

Hinter dem Agusta 109 Power ist der Flugplatz von Locarno am Lago Maggiore zu erkennen, wo die Maschine der Scuola Volo Eliticino beheimatet ist.

sowie Warnsystem TCAS finden Anwendung.

Zur Auswahl stehen bis zu fünf interne Kraftstoffzellen, die maximale Flugdauer beträgt 4 Std. 20 min.

Die Innenausstattung der Kabine des A-109 Elite ist mit der Luxusausstattung einer Limousine durchaus vergleichbar.

TECHNISCHE DATEN

Antrieb	2 Gasturbinen Pratt & Whitney PW 206C von je 640 WPS	
Höchstgeschwindigkeit		311 km/h
Reisegeschwindigkeit		280 km/h
Schrägsteigvermögen		10 m/s
Schwebeflughöhe	im Bodenenfluss	5.790 m
	ohne Bodeneffekt	4.054 m
Rotordurchmesser		11,0 m
Reichweite		830 km
Rumpflänge		11,40 m
Höhe		3,50 m
Rotorkreisflächenbelastung		37,5 kg/qm
Leergewicht		1.555 kg max
Abfluggewicht		3000 kg
Hersteller	Costrucione Aeronautiche G. Agusta SpA, Cascina Costa, Gallarate, Italien	

Trotz seiner deutlichen Erweiterung hat der Agusta A-109 nichts von seiner Eleganz verloren.

Agusta Westland A-119 Koala

Der Erstflug des Prototyps fand im April 1995 statt. 1999 erfolgten die Zulassung und erste Auslieferungen.

Der A-119 stellt eigentlich die einmotorige Version des Ausgangsmusters A-109 dar und bietet damit einen ökonomischen Einstieg. Die Zelle sowie das Rotorsystem sind weitestgehend von der A-109 übernommen. Deren Einziehfahrwerk ist jedoch durch ein Kufenlandegestell ersetzt.

Die voluminöse Kabine kann acht Personen aufnehmen oder im Rettungs- oder Ambulanzeinsatz zwei Patientenliegen. Der Gepäckraum bietet fast 1 Kubikmeter.

TECHNISCHE DATEN	
Leichter Mehrzweckhubschrauber	
Triebwerk	eine Gasturbine Pratt & Whitney PT6B-37A mit 1.000 WPS Im Prototyp eine Gasturbine Turbomeca Arriel 1K1 mit 800 WPS
Höchstgeschwindigkeit	280 km/h
Reisegeschwindigkeit	260 km/h
Reichweite	670 km
Schwebeflughöhe	im Bodeneinfluss 3.320 m ohne Bodeneffekt 2.450 m
Dienstgipfelhöhe (100 ft/m Steigen)	5.460 m
max. Flugdauer	3 Std 45 min
Rotordurchmesser	11 m
Rumpflänge	11,07 m
Höhe	3,30 m
Rotorkreisflächenbelastung	max 28,9 kg/qm
Rüstgewicht	1.550 kg
max. Abfluggewicht	2.720 kg
Zuladung	Pilot plus sieben Passagiere
max. Nutzlast	1.155 kg

Der Koala besitzt wie der A-109 Power einen wartungsfreundlicheren Hauptrotorkopf mit Titanring und Elastomerlagern. Die vier Rotorblätter sind aus Kunststoff hergestellt. Die Blattenden sind zur Widerstandsverringerung verjüngt und gepfeilt.

Beim Koala wurde besonders der Aspekt für robusten Einsatz und Wirtschaftlichkeit verfolgt.

Er zeigt im Flugzustand enorme Wendigkeit und beweist große Böenunempfindlichkeit sowie wenig Beeinflussung durch Seitenwind, was besonders bei

Auch einmotorig ist die A-109-Zelle als A-119 Koala ein flinker Drehflügler.

Rettungseinsätzen vorteilhaft ist. Ebenso ist diese Eigenschaft wichtig für Aufgaben in begrenzten Räumen mit starker Verwirbelung.

Agusta Bell AB 139

Der AB 139 erweckt den Eindruck eines stark erweiterten A-109. Es sind jedoch auch einige Komponenten hinzugekommen. Auf konsequente Beibehaltung der aerodynamisch günstigen Grundform wurde besonderer Wert gelegt.

Er wird in Gemeinschaft produziert: Agusta 75 %, Bell 25 %, auch Westland, Swidnik und Honeywell sind beteiligt. Der Prototyp flog erstmals im Februar 2001. Die Zulassung erfolgte 2003.

Der Rumpf wurde wie beim A-109 auf Bruchfestigkeit ausgelegt. Der sehr voluminöse Rumpf geht in ein leit-

TECHNISCHE DATEN		
Mittelschwerer Mehrzweckhubschrauber		
Antrieb	zwei Gasturbinen Pratt & Whitney	
	Canada PT6C-67C mit je 1.679 Wellen-PS	
max. Dauerleistung		2x 1.530 WPS
OEI (einmotorig) für 2 Minuten		1x 1.725 WPS
Maximalgeschwindigkeit		290 km/h
Vne		309 km/h
Schrägsteigvermögen		10,2 m/s
max. Flughöhe		3.650 m
Reichweite (ohne Reserve)		742 km
Flugdauer		3Std 55 min
Schwebeflughöhe	im Bodeneinfluss 3.600 m	
	ohne Bodeneffekt 2.920 m	
Kraftstoff		1270 kg
Rotordurchmesser		13,80 m
Rumpflänge		13,52 m
Höhe		3,57 m
Rotorkreisflächenbelastung		40,39 kg/qm
Max. Abfluggewicht		6.000 kg
Nutzlast		2.200 kg
Zuladung	zwei Piloten plus 12/15 Passagiere	

werksähnliches Heck über. An der nach oben auslaufenden Seitenflosse arbeitet der vierblättrige Heckrotor, der neben dem Drehmomentausgleich auch eine kleine vertikale Schubkomponente erzeugt. Vor dem Hecksteiß ragt beidseitig die horizontale Stabilisierungsflosse, deren Enden „Winglet"-förmig abschließen.

Die beiden Turbinen sind im „Genick" des Rumpfrückens innerhalb des Rumpfstraks montiert und schließen am Hauptgetriebe an. Der Fünfblatthauptrotor besteht aus Kunststoff. Die Geometrie der Blätter ist in Drehrich-

Ein Italo-Amerikaner der Lüfte:
Agusta Bell AB 139

tung leicht geschweift, die Blattenden sind verjüngt und rückwärts gepfeilt. Die Rotorblätter sind voll gelenkig und „elastomeric" gelagert. Dies führt zu vibrationsarmem Verhalten durch das gesamte Fahrtspektrum.

Das Bugradfahrwerk ist einziehbar, kann bis 150 Kt ausgefahren bleiben. Die Hauptfahrwerksbeine sind „geschleppt".

Die Kabine lässt verschiedene Konfigurationen zu wie drei Sitzreihen, VIP-Ausstattung, Ambulanzeinrichtung sowie für Polizeieinsätze und Versorgung von Ölplattformen. Die Kraftstofftanks sind U-förmig über dem Hauptfahrwerk der Rumpfkontur angepasst, so dass dadurch eine Verbindung zwischen hinterem Teil der Kabine und dem geräumigen Gepäckraum entsteht.

Es können sechs liegende Verletzte sowie vier Sanitäter transportiert werden. Im aufklappbaren Rumpfbug sind die Avionik und das Wetterradar zugänglich.

Das Instrumenten-Panel ist von Honeywell. Fluglageanzeige, Navigation und Triebwerks-Überwachung erfolgen über LCD-Darstellung.

Dieses Modell wurde aus einem nicht realisierten Entwurf eines militärischen Beobachtungshubschraubers abgeleitet. Der Erstflug fand im Januar 1966 statt.

Die zivile wie auch die militärische Ausführung wurden in großer Stückzahl in verschiedenen Versionen gebaut. Die Grundform der Zelle blieb bis heute erhalten. Die äußerlich schmale und dennoch geräumige Kabine bietet auch gute Sichtverhältnisse für Piloten wie für Passagiere. Hinter dem Kabinenraum ist der Tank untergebracht, die Kapazität kann durch einen so genannten Range Extender vergrößert werden.

Am Krokodilheck schließt der ungekröpfte Heckausleger an. Gegenüber dem Heckrotor ist die Vertikalflosse montiert. Die horizontale Stabilisierungsflosse wirkt an der Mitte der Heckauslegerröhre.

Das Kufengestell ist optional als High oder Low Skid angeboten.

TECHNISCHE DATEN

Fünfsitziger Mehrzweckhubschrauber	
Antrieb	eine Gasturbine Allison 250 C-18 von 317 Wellen-PS
Höchstgeschwindigkeit	240 km/h
Schrägsteigvermögen	max. 8,10 m/s
Schwebeflughöhe	mit Bodeneinfluss 2.680 m
	ohne Bodeneffekt 1.280 m
Rotordurchmesser	10,17 m
Rumpflänge	8,60 m
Höhe	2,90 m
Rotorkreisflächenbelastung	16,20 kg/qm
Leergewicht	590 kg
max. Abfluggewicht	1.320 kg

Trotz Zweiblattrotor ist die Vibrationsarmut der 206-er-Reihe bekannt. Ihre Zellenstruktur ist Ausgangsbasis für viele Weiterentwicklungen.

Der 206 B Jet Ranger III wird durch eine Allison 250 C-20 B angetrieben, das Abfluggewicht stieg auf 1.520 kg. Er bietet Platz für vier Passagiere und einen Piloten. Die Maschine wurde 1977 eingeführt. Gegenüber dem Vorgängermuster erhielt sie ein stärkeres Triebwerk und kleine Verbesserungen z. B. am Heckausleger. Lizenzbauten fanden bei Agusta in Italien und bei CAC in Australien statt.

Hervorzuheben sind auch die Flugeigenschaften des Bell 206 allgemein. So wird er häufig zur Schulung auf Turbinenhubschrauber eingesetzt und bildet eine solide Grundlage für weiterführende Ausbildungsprogramme auf komplexeren Typen. Die Autorotationseigenschaften sind Bell-charakteristisch.

BELL 206 L LONGRANGER

Diese Ausführung ist ein verstärkter und „gestreckter" Jet Ranger III. Die Heckflosse erhielt Endplatten, das Zweiblatt-Hauptrotorsystem zur Schwingungsdämpfung das Nodamatic-Element. Das Kabinenvolumen konnte fast ver-

TECHNISCHE DATEN

Höchstgeschwindigkeit	230 km/h
Rotordurchmesser	11,18 m
Rumpflänge	10,12 m
Rotorkreisflächenbelastung	18,15 kg/qm
Abfluggewicht	1.815 kg
Zuladung je nach Ausstattung	sechs bis sieben Personen
im Ambulanzeinsatz	vier Patienten
Außenlastaufnahme	bis 900 kg

Vorgänger der 2-Mot-Version war der 206 mit der „Twin-Pac"-Turbine. Auch hier suchte die Betriebs-Philosophie einen Kompromiss zwischen Sicherheit, Gewichtsaufwand, Flugleistungen und konstruktiver Einfachheit.

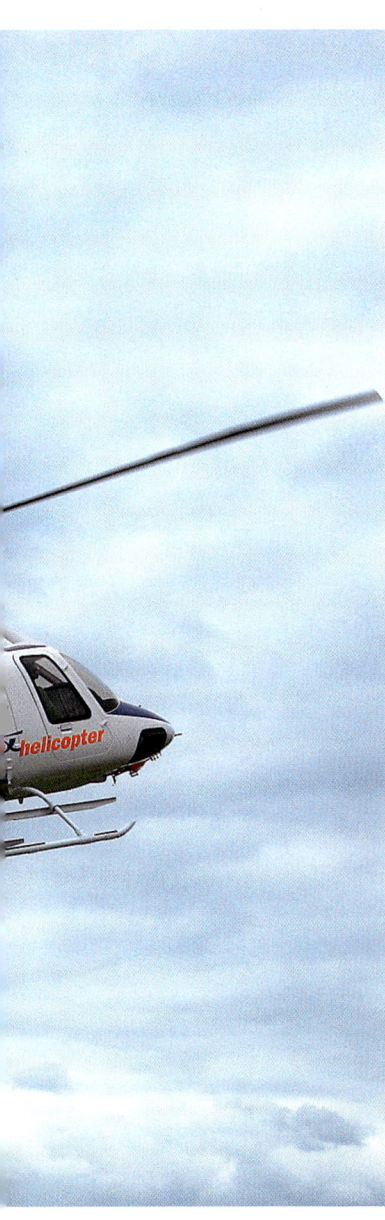

doppelt werden. Der 206 L-2 Longranger III wird von einer Allison Gasturbine 250C 30P mit 650 WPS angetrieben

BELL 206 L-3 TWIN RANGER

Der Twin Ranger wurde seit 1994 geliefert. Die Betriebsphilosophie dieser Version sieht die Sicherheit des Zwei-turbinen-Antriebs jeweils der Start- und der Landephase vor, während im Reiseflug nur ein Triebwerk im ökonomischen Dauerbetrieb benötigt wird.

TECHNISCHE DATEN	
Antrieb	2 Allison 250C-20R- Gasturbinen mit je 435 WPS
Rotordurchmesser	11,28 m
Rumpflänge	10,12 m
Rotorkreisflächenbelastung	20,20 kg/qm
Maximalgeschwindigkeit	240 km/h
Reichweite	mit Reserve bis 900 km
Leergewicht	1.175 kg
max. Abfluggewicht	2.018 kg
Zuladung	Pilot plus 6 Passagiere

BELL 407

Der einturbinige Bell 407 ist der realistische Ersatz für die bewährten Bell 206 Jet Ranger und Twin Ranger. Die Flugerprobung begann 1995. Auffallendes Merkmal ist der von der Militärversion OH-58D entwicklungstechnisch übernommene Vierblattrotor. Die Recht-

Auch auf Reiseflugkonfiguration zugeschnitten: Die zweimotorige Bell-427 mit Vierblattrotor.

Bell 206 / 407 / 417 / 427 / 429

TECHNISCHE DATEN

Antrieb	Gasturbine Allison 250 C-47 mit 674 WPS
Höchstgeschwindigkeit	260 km/h
Dienstgipfelhöhe	4.100 m
Schwebeflughöhe mit Bodeneinfluss	3.900 m
ohne Bodeneffekt	3.200 m
Reichweite	600 km
Max. Schrägsteigvermögen	6,4 m/s
Rotordurchmesser	10,65 m
Rumpflänge	10,40 m
Höhe	3,10 m
Rotorkreisflächenbelastung max.	30,30 kg/qm
Leergewicht	1.180 kg
max. Abfluggewicht	2.400 kg
mit Außenlast	2.700 kg
Pilot plus 6 Passagiere max. Außenlast	1.200 kg

eck/Trapezblätter sind aus Kunststoff gefertigt und sind vibrationsärmer. Die Turbine wird über das digitale System FADEC gesteuert. Der neue Heckausleger weist gepfeilte Endscheiben auf.

Die Kabine ist vergrößert, ebenso Fenster und Türen.

BELL 417

Der 417 ist die einmotorige Weiterentwicklung des 407.

Mit 970 WPS Gasturbine wurde das Abfluggewicht auf 2.495 kg erhöht, die Nutzlast auf 1.210 kg. Die Höchstgeschwindigkeit liegt bei 260 km/h.

Vollendete Eleganz mit Kufen: Der Bell-429 während der ILA 2006 in Berlin

Die Schwebeflughöhe beträgt ohne Bodeneffekt 3.050 m. Die Kabine bietet Platz für bis zu 7 Personen.

Die Instrumentierung ist in LCD ausgeführt.

BELL 427

Der 427 VFR ist in Zusammenarbeit von Bell Textron, Canadian Division und Samsung Aerospace Industries Korea entstanden. Auch hier dominiert die Basis des 407.

Den Antrieb liefern zwei Gasturbinen Pratt & Whitney Canada PW 207D mit je 625 WPS. Die dynamischen Komponenten stammen ebenfalls von der 407.

Bei einem Fluggewicht von 2.880 kg wird eine Schwebehöhe im Bodeneffekt von 2.740 m erreicht, ohne 1.830 m. Die max. Reisegeschwindigkeit beträgt bei 2.270 kg 265 km/h. Reichweite max. 716 km. Flugdauer bei 111 km/h 4 Std.

TECHNISCHE DATEN

Dienstgipfelhöhe bei Fluggewicht von 2.880 kg	
mit beiden Triebwerken	3.050 m
mit einem Triebwerk (30 min.)	2.440 m
Rotordurchmesser (verlängerte und verbreiterte Blätter)	11,28 m
Länge über Alles	13 m
Höhe	3,20 m
Rotorkreisflächenbelastung	max. 29,74 kg/qm
Zuladung	Pilot plus 7 Passagiere
Interne Last	bis 1.020 kg
max. Externlast am Haken	1.360 kg

BELL 429

Das erste Bell-Design dieser Klasse mit Bugfahrwerk; die Basisform des 206 ist immer noch dominierend, wurde jedoch aerodynamisch deutlich verfeinert.

Der auffällige Rumpfrücken umfasst die Antriebs- und Getriebeeinheit in einer für Reiseflug oder auch Schwebe-

Das Glascockpit hat längst auch bei den Hubschraubern Einzug gehalten. Hier jenes des Bell 429.

flug günstigen Form. Die gesamte Gestaltung basiert auf der Verwendung von Verbundwerkstoffen. Außer dem Vierblatthauptrotor weist auch der Heckrotor vier Blätter auf, die zur Geräuschminderung in X-förmiger Stellung laufen. Die Cockpit-Instrumentierung ist voll digitalisiert.

TECHNISCHE DATEN

Max. Abfluggewicht	3.175 kg
Nutzlast	1.225 kg
max. Reisegeschwindigkeit	264 km/h
Reichweite	650 km

Bell 205 / 412 / 414

Der Urahn des Bell 205, der Bell 204, flog 1956 erstmals und wurde von einer Lycoming-Turbine mit 860 Wellen-PS angetrieben. Die zivile Version fand hauptsächlich bei Lasttransporten Verwendung. Der 204 B erhielt auch die Gasturbine Lycoming T53-L-11 mit 1.100 WPS, die auch noch lange im UH-1 D installiert blieb. In den bei Agusta in Italien lizenzgefertigten Maschinen wurden ebenso Gasturbinen von General Electric und Rolls-Royce verwendet.

Der weltweit bekannte Bell 205 – auch Huey genannt – erhielt eine vergrößerte Kabine und wurde auch in Versionen mit der Lycoming-Turbine T53 L-13 mit 1.400 WPS angetrieben. In den 90er-Jahren erhielt das Muster modifi-

zierte Hauptrotorblätter, die bislang Rechteckform besaßen. Den Antrieb besorgte die Lycoming T53-L-703 mit 1.800 WPS, wobei das Hauptgetriebe verstärkt wurde. So erhöhte sich auch die Leermasse auf 2.380 kg.

Überwiegend wurde der 205 militärisch eingesetzt, bei Bell wurden mehr als 10.000 Exemplare hergestellt.

Innenraum

Die „Zelle" ist in Schalenbauweise zusammengesetzt, der Heckkonus ist mit vier Bolzen am Kabinenrückteil befestigt. Das Konusende geht in eine gepfeilte Seitenflosse über. An diesem gekröpften Heckausleger greift der Zweiblatt-Heckrotor an. Davor befindet sich eine über den Steuerknüppel bewegliche Höhenflosse. Die auffallend breite Kabine nimmt 13 Personen auf, das Zweimann-Cockpit ist sehr geräumig. Die beiden Schiebetüren erlauben großen Zugang über die Kufen, eine zusätzliche schmale Tür verbreitert die Kabineneinstiege.

Die Kabine ist im hinteren Teil um den Getriebetunnel herumgebaut, so dass die hinteren Sitze in seitlicher Blickrichtung angeordnet sind. Hier können optional auch Zusatztanks installiert werden.

Auf dem Kabinenrücken ist die Gasturbine montiert, die Antriebswelle mündet im Hauptgetriebe. Der zweiblätterige Hauptrotor wird durch lange Stoßstangen angesteuert. Über dem Rotorkopf sitzt quer zur Blattachse

TECHNISCHE DATEN 205 A-1	
Rotordurchmesser	14,63 m
Gesamtlänge	17,40 m
Höhe	4,40 m
Hauptrotorkreisfläche	168,06 qm
max. Rotorkreisflächenbelastung	25,6 kg/qm
Leergewicht	2.115 kg
max. Abfluggewicht	4.310 kg
Höchstgeschwindigkeit	204 km/h
max. Schrägsteigvermögen MSL	8,20 m/s
Schwebeflughöhe im Bodeneffekt	4.145 m
ohne Bodeneinfluss	3.335 m
Reichweite ohne Reserve	510 km
Verwendung im Such- und Rettungsdienst, Innen- und Außenlasttransporte, Personentransporte	

Damit begann die berühmte Bell-205-Geschichte: Der Stammvater Bell 204

der kreisel-wirksame Stabilisator. Die Kabinenoberseite ist breitflächig begehbar, was für Wartungszwecke an Triebwerk und Mastbaugruppe vorteilhaft erscheint.

Die Kraftstofftanks sind im Kabinenboden untergebracht, wobei eine Zelle mehr senkrechte Ausdehnung hat. Die Standardtanks reichen für eine Flugzeit von 2, 5 Std.

Das sehr geräumige Cockpit bietet Platz für Wechsel von Piloten während des Fluges. Bei Einbau von Instrumentierung neuester Generation ist mehr als erforderlich Raum für sämtliche Module vorhanden.

Der Bell 205 ist für raschen und leichten Wartungszugang ausgelegt. Wichtige Elemente sind durch großzügige Klappen zugänglich.

Hervorragende Flugeigenschaften

Fliegerisch ist der (militärisch UH-1D genannte) 205 sehr gut zu handhaben. In Situationen wie stationärer Schwebeflug ist er äußerst präzise zu steuern, ohne übersensibel zu reagieren. Die Autorotationseigenschaften sind geradezu legendär. Der Einbau der Lycoming Gasturbine T53-L-13 mit 1.400 WPS brachte eine deutliche Leistungssteigerung besonders für Lastenflüge und Windenoperationen außerhalb des Bodeneffekts.

Die IFR-Tauglichkeit wird lediglich durch noch hubschraubertypische fehlende De-ice oder Anti-ice-Optionen eingeschränkt.

Die Frage nach der Zweimotorigkeit ist rasch beantwortet: Das Triebwerks-

Der Bell 210 ist ein weiteres Arbeitstier der 205er-Familie.

In der größeren Bell-Familie eine der Größten:
Der 412 mit großem Einsatzspektrum

deck bietet genügend Platz für eine weitere Turbine. Die jahrzehntelange Bewährung der Zelle lässt eine Vielzahl von Modifikationen zu, ohne dass wesentliche Veränderungen vorgenommen werden müssten.

So flog im Jahr 1965 versuchsweise ein UH-1D mit zwei Turbinen. Damit sollte dem Begehren nach „Zweimot"-Sicherheit bei Hubschraubern nachgekommen werden. Um die eigentlich weniger problematische Unterbringung der Zweitturbine noch zu verbessern, entstand bei Pratt & Whitney ein Antriebs-Zwilling, Twin-Pac genannt und aus zwei PT6-Aggregaten bestehend.

So entstand der Bell 212.

Der hauptsächliche Unterschied zum 205 besteht durch die Doppelmotorigkeit.

Das Gesamtdesign des Rumpfes lässt sich nur in Details aerodynamisch verfeinern.

MODELLVARIANTE BELL 412

Die ständige Erweiterung des Einsatzspektrums erfordert auch kontinuierliche Verbesserung der Komponenten und Anpassung an den Bedarf von Kunden.

So blieb die Konsequenz nicht lange aus und der Rotor erhielt zwei weitere Blätter. Bei kleinerem Rotordurchmes-ser wird dafür die Kreisflächendichte erhöht und die Blattbelastung reduziert.

Das Ergebnis der Weiterentwicklung ist der Bell 412. Diese Version verfügt über stärkeren Antrieb durch eine Pratt

& Whitney Canada PT6T-3D „Twin pac" Gasturbine von 1.800 Wellen-PS Leistung. Der lagerfreie Flex-Beam-Vierblatt-Rotor besteht aus Kunststoff, die Blätter sind im äußeren Viertel verjüngt.

Der Rumpf wurde um ca. 50 cm verlängert. Zur Verstärkung des Hebelarms ist der Heckboom ebenfalls verlängert und für bessere Wirksamkeit des Heckrotors dessen Blattzahl auf vier erhöht.

Big Lifter bei der Ruhepause. Trotz des gut vorstellbaren enormen Drehmoments hat auch der Heckrotor nur zwei Blätter.

BELL 214 B BIGLIFTER

Die stärkste Version der Bell-UH-1-Reihe stellt der Bell 214 B dar. Sein maximales Abfluggewicht wurde auf 7.255 kg erhöht. Mit der 2.930 WPS leistenden Lycoming T 5508D Turbine ist er besonders prädestiniert für Außenlastflüge in extrem klimatischen Zonen. Der größte von Bell gebaute Hubschrauber ist der Bell 214 ST (Special Transport), der neben zwei Piloten bis zu 18 Passagiere unterbringt, und speziell der Versorgung von Ölplattformen dient.

Diese auf der Basis der Zelle des Bell 205 produzierte Version erhielt eine verstärkte Zelle und Haupt- sowie Heckrotor von dem Militärhubschrauber Bell 309 Cobra. Als Triebwerk wurde die Gasturbine Avco Lycoming T55-L-7C mit 2.930 WPS verwendet.

Die Höchstgeschwindigkeit wurde auf über 300 km/h gesteigert. Das Fluggewicht des Mehrzweckhubschraubers erreichte 5.900 kg, mit Außenlasten 6.800 kg. Die Kabine fasst 16 Personen.

BELL 214 ST

Dieser unverkennbare Verwandte des 205 stellt eine extreme Weiterkonstruktion der Zweiblattrotor-Varianten dar. Er wird von zwei General Electric CT7-2 Turbinen von je 1.625 WPS angetrieben. Der bis zu 7.000 kg mittelschwere Transporter fasst 19 Personen. Die Höchstgeschwindigkeit beträgt 260 km/h in MSL. Maximale Schwebeflughöhe im Boden- effekt 3.850 m, außerhalb 1.000 m. Rotordurchmesser 15, 85 m. Rumpflänge 15, 25 m. Rotorkreisflächenbelastung max. 38 kg/qm.

Obwohl die gewohnte Optik des 214 auch das Kufenlandewerk einschließt, drängt sich aufgrund der Ausmaße und des Gewichts die Option eines Bugfahrwerks auf, wie dieses teilweise zum Bell 412 gehörte. Diese Ausstattung war wiederum von der Einsatzart abhängig.

Einen der kräftigsten der Bell-205-Abkömmlinge mit Zweiblattrotor stellt der 214 dar.

Bell 222/230/430

Der Erstflug des Prototyps fand im August 1976 statt. Dieser Entwurf war von Anfang an als erster zweimotoriger Hubschrauber von Bell für den zivilen Markt konzipiert. Es wurden dabei auch spezielle Erwartungen des Kundenpotentials verwertet und so entstand ein vielseitig verwendbarer Hubschrauber. So landet z. B. der 222 B UT auf Kufen, während der 222 B über ein einziehbares Bugfahrwerk verfügt. Auch Schwimmer sind möglich.

Die Kabinenausstattung variiert vom 10-Sitzer über die Exekutive-Version mit 5-6 Passagieren, dem „Offshore"-Modell mit 8 Personen und der VIP-Ausführung sowie für Ambulanzeinsätze mit 2 Piloten, 2 Patienten und 2 Pflegern.

Die Frachtversion bietet ca. 3,5 Kubikmeter Raum plus über 1 Kubikmeter Gepäckraum.

Der Rumpf ist für Drehflügler in aerodynamischer Qualität geformt und nimmt die Triebwerke vollständig im Strak auf. Der zweiblätterige Heckrotor arbeitet am Heckstummel, ihm gegenüber ist die vertikale Haifischflosse montiert. Sie ist leicht versetzt, um den Heckrotor bei Fahrt zu entlasten. In der Mitte des Tail booms ist die horizontale Stabilisierungsflosse mit Endscheiben angebracht.

Bekanntermaßen erzeugt ein Zweiblatt-Hauptrotor eher Schwingungen, diese sind in diesem Muster durch das Nodamatic-System gegenüber der Kabine gedämpft. Die Taumelscheibe liegt wie meist bei Bell-Typen im Freien über dem Rumpfrücken. So leicht zugängliche Komponenten vereinfachen die notwendigen, regelmäßigen Sichtinspektionen maßgeblich.

TECHNISCHE DATEN		
8 bis 10-sitziger Mehrzweck- und Transporthubschrauber		
Triebwerke	zwei Gasturbinen Avco Lycoming LTS 101-650C-2 mit je 620 WPS	
Rotordurchmesser		12,00 m

BELL 230

Der 222 B erhielt einen größeren Hauptrotor und Turbinen mit je 680 WPS, damit erhöhte sich die Abflugmasse auf 3700 kg.

Der Bell 222 wurde nach Erstflug des Bell 230 im August 1991 in der Produktion abgelöst. Den Antrieb liefern zwei Gasturbinen Allison 250-C30 G2 von je 700 WPS Leistung. Beim Bugradfahrwerk kann zwischen starr und einziehbar gewählt werden. Auch wurde ein die Vibrationen unterdrückendes System eingebaut, das auf Basis der Flüssigkeit fungiert (Liquid Inertial Vibration Elimination System).

BELL 430

1994 wurde die Flugerprobung des Bell 430 aufgenommen. Damit wird eine leistungsfähigere Version des 230 angeboten. Im Gegensatz zum Vorgängermuster besitzt der 430 einen vibra-

Alle Derivate der Bell-222-Reihe über den 230 und 430 ähneln sich außer dem Vierblattrotor und dem Einziehfahrwerk immer noch stark.

tionsfreien Vierblatthauptrotor, einen um 0,5 m verlängerten Rumpf und dadurch eine um fast ein Viertel vergrößerte Kabine.

Die Allison-250-C-40 liefern je 785 WPS und werden durch das FADEC gesteuert. Zudem erhielt das Cockpit LCDs.

Seit der Inbetriebnahme des Prototyps 222 hat der Hubschrauber dieser Reihe neben den inneren Modifikationen auch äußerlich auffallende Änderungen erfahren. So wurde gleich zu Anfang die untere Verglasung für bessere Sicht bei Dachlandungen ausge-

bers spielten teilweise auch die Unterbringungsmöglichkeit und Platzbedarf eine mitentscheidende Rolle, doch setzten sich auch zunehmend Leistungsstärke und andere Faktoren durch. Die Blätter des Vierblattrotors wurden bis zur Weiterentwicklung der 430 deutlich verschlankt.

Auch das Heck erfuhr Veränderungen. Anfangs war die horizontale Stabilisierungsflosse noch am oberen Ende der senkrechten Flosse in Form eines T-Leitwerks starr montiert. Bei den neueren Versionen wurde die mit gepfeilten Endscheiben versehene Höhenflosse vor dem Heckrotor angebracht.

Hubschrauber mit „Airline-Image": Der Bell 430 ist die Endausführung der „Tripple-Two"-Reihe

TECHNISCHE DATEN		
Höchstgeschwindigkeit		280 km/h
Reisegeschwindigkeit		260 km/h
Abfluggewicht		4200 kg
Schwebeflughöhe	im Bodeneffekt	4.700 m
	ohne Bodeneffekt	2.220 m
Reichweite		700 km
Rotordurchmesser		12,80 m
Rumpflänge		13,00 m
Höhe mit Kufen		3,90 m
Rotorkreisflächenbelastung max.		32,65 kg/qm
Neben 1 bis 2 Piloten können 6 bis 8 Passagiere aufgenommen werden		
Bei Ambulanzeinsätzen 2 liegende Verletzte und 2 bis 3 Pfleger		

legt. Der Zweiblattrotor hatte zur Zeit seines Auftretens ein beachtlich kleines Verhältnis einer Blattlänge zu seiner Profiltiefe, nämlich ungefähr 6,6 : 1, dieses ähnelt schon eher der Streckung der Flügelgeometrie eines Flächenfliegers! Bei der Wahl eines Hubschrau-

Boeing Vertol 107/114 Sea Knight/Chinook

BOEING VERTOL 107

Trotz verschiedener Größe stammen beide Tandemrotor-Hubschrauber vom gleichen Reißbrett. Während der 107 den Erstflug im August 1959 absolvier-

TECHNISCHE DATEN		
107		
Triebwerke	2 Gasturbinen General Electric T58 GE16 mit je 1.870 WPS	
Höchstgeschwindigkeit		260 km/h
Reisegeschwindigkeit		240 km/h
Leergewicht		7.010 kg
Abfluggewicht		11.000 kg
Reichweite		650 km
Schrägsteigvermögen		9,6 m/s
Schwebeflughöhe	ohne Bodeneffekt	1.700 m
Rotordurchmesser		je 15,50 m
Rumpflänge		13,90 m
Höhe		5,10 m
Rotorkreisflächenbelastung je Rotor		29,15 kg/qm
Zuladung	2 Piloten plus 20 Personen	
114		
Triebwerke	2 Lycoming T55-L712 Gasturbinen mit je 3.750 WPS	
Höchstgeschwindigkeit		295 km/h
Reisegeschwindigkeit		265 km/h
Leergewicht		9.150 kg
Abfluggewicht		22.100 kg
Reichweite		660 km
Schrägsteigvermögen		13,9 m/s
Schwebeflughöhe	ohne Bodeneffekt	4.200 m
Rotordurchmesser		18,30 m
Rumpflänge		15,45
Höhe		5,60 m
Rotorkreisflächenbelastung je Rotor		42 kg/qm
Zuladung	2 Piloten plus 33 Passagiere	

Charakteristisch für Tandemrotorige:
Die Landung beginnt auf den hinteren Rädern.

te, kam der größere Bruder im April 1961 hinzu. Die US Navy übernahm die kleinere, die US Army die größere Version. Beide finden auch auf dem zivilen Sektor Einsatz wie z. B. bei Lastflügen in unzugänglichen Gebieten und für Versorgungsflüge von Offshore-Bohrinseln.

Der kleine Bruder des Chinook trägt auch
Lasten am Haken. Bei Tandemrotoren ist der
Schwerpunktbereich etwas toleranter.

COLUMBIA
BOEING 107
N185CH

N185CH

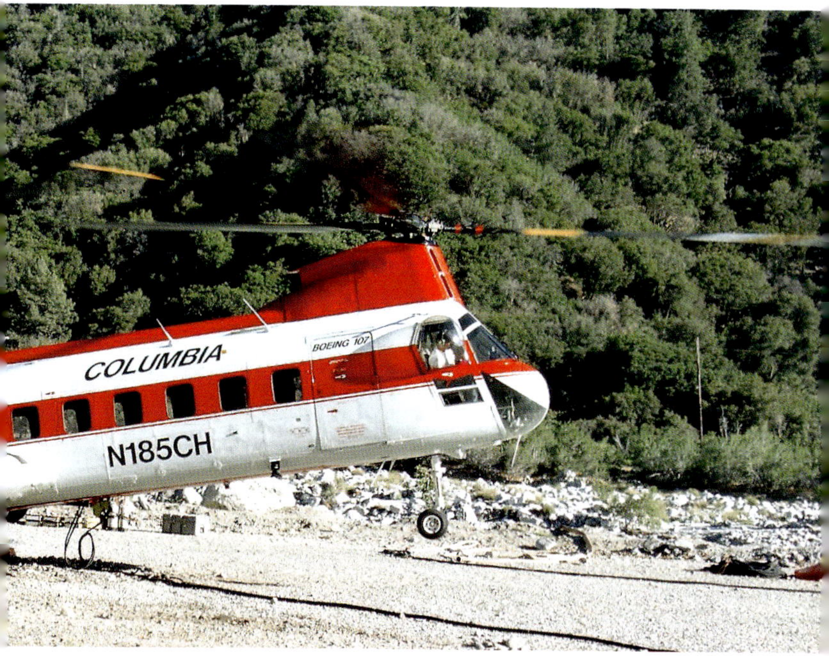

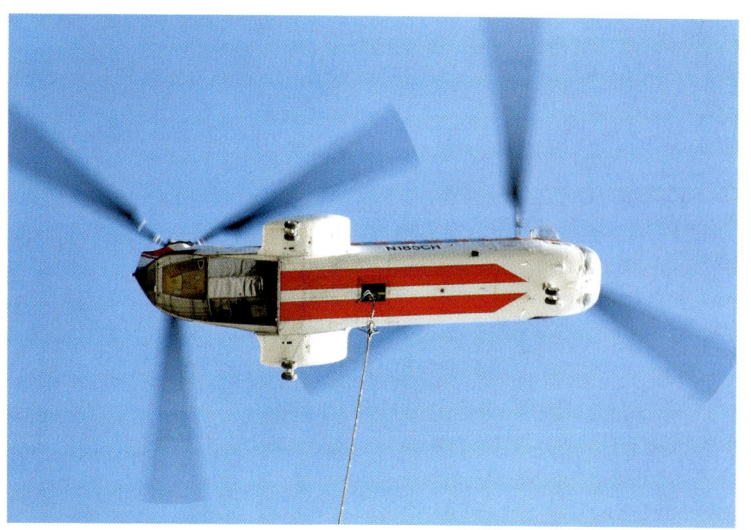

Die Konstruktion stellt neben den Funktionsprinzipien Haupt- und Heckrotor, NOTAR oder Koaxialrotoren jenes der Tandemrotoren dar. Die gegenläufig drehenden Rotoren gleichen das Drehmoment aus. Die Dreiblattrotoren kämmen ineinander und sind in der Höhe versetzt. Der hintere Rotor sitzt auf einem höheren „Turm". Sie sind über eine Welle verbunden, die im Rumpfrücken verläuft.

Beiderseits des hinteren Aufbaus sind die beiden Triebwerke montiert. Die seitlichen Wülste nehmen die Tanks auf, welche beim Chinook fast über die Länge des Rumpfes verlaufen. Das vierfache starre Fahrwerk ist vorne doppelbereift. Die Rotorsteuerung funktioniert wie bei anderen Drehflüglern. Die kollektive Verstellung der Blätter nimmt man mit dem „Pitch" vor, die periodische Veränderung mit dem Steuerknüppel und bei Drehungen über der Stelle werden die Rotorflächen gegensinnig geneigt. Fluglagenveränderungen sind immer Resultat der Größe und Richtung einer Schubkomponente eines Rotors. Die Steuerungskinematik wird durch aufwendige Mischhebeleinheit bewegt.

Der Chinook ist gegenwärtig der größte Hubschrauber mit Tandemrotor. Die neuesten Varianten erhalten außer dem Rumpf modifizierte dynamische Komponenten.

BOEING 114 SEA KNIGHT/CHINOOK

Der größere 114 verfügt über eine Heckklappe. Aus dieser können während des Fluges Lasten abgesetzt werden.

Der Chinook wurde vielen Änderungen unterworfen. Neben diversen Modifikationen der Zelle wurden noch stärkere Triebwerke verwendet. So können letztlich Außenlasten bis zu 12.000 kg befördert werden. In den Türmen sind die jeweiligen Getriebe für die synchron drehenden Rotoren untergebracht. Zwischen den Triebwerken münden im „Combining"-Getriebe deren Antriebswellen. Von hier verlaufen die Übertragungswellen zu den Rotorgetrieben.

Bristol 171 Sycamore

Der aus dem Jahr 1944 stammende Entwurf kam 1947 zum Erstflug. 1949 erhielt der „Sycamore" als erster britischer Hubschrauber seine Zulassung. Verbesserungen der Zelle sowie Erhöhung der Triebwerksleistung führten zur Serienreife der Standardversion, welche das Ausgangsmuster für viele Varianten ergab.

Die Form der Zelle findet sich in vielen anderen Nachfahren auf dem Hubschraubersektor. Die weitgehend sphärisch gewölbten Flächen des Rumpfes schließen die unteren Bugfenster ein. Die Windschutzscheiben sorgen für Douglas-ähnliches Image. Die hinteren Türen konnten für SAR-Zwecke gegen „Bubble Doors" getauscht werden. Auch kam eine seitliche Winde zum Einsatz.

Hinter dem Passagierraum war der luftgekühlte Sternmotor horizontal eingebaut.

Die drei Hauptrotorblätter bestanden aus Rohrholm und Holzrippen mit

Das „Handling" des Sycamore war anfangs sehr gewöhnungsbedürftig.

Beplankung – ebenso der Dreiblatt-Heckrotor. Der Knick des Heckauslegers erlaubte dem Hauptrotor mehr Spielraum während möglicher Schlagbewegungen bei geringer Drehzahl. Durch diese Kröpfung gelangte der Angriffspunkt des Ausgleichsrotors auf etwaige Höhe des Hauptrotors. Die einzige Stabilisierungsflosse an diesem langen Hebelarm war ein kleiner horizontaler Stabilisator. Der Heckrotor zeigte sich als empfindlichster Bauteil.

Der Sound des Sternmotors des Sycamore war lange unverkennbar.

Das Bugradfahrwerk war nicht einziehbar. Bei der Landung musste Vorwärtstendenz beibehalten werden, um der Federcharakteristik des Hauptfahrwerks nachzukommen.

Der B-171 wurde neben vielen in- und ausländischen militärischen Aufgaben von der BEA (British European Airways) eingesetzt.

TECHNISCHE DATEN

Mehrzweckhubschrauber	
Antrieb	ein Alvis Leonides Sternmotor mit 550 PS
Höchstgeschwindigkeit in Meereshöhe	204 km/h
Reisegeschwindigkeit	170 km/h
Abfluggewicht	2.500 kg
Leergewicht	1.850 kg
Rotorkreisflächenbelastung	14,54 kg/qm
Rotordurchmesser	14,80 m
Rotor im Uhrzeigersinn drehend	
Besatzung	2 Piloten plus 3 Passagiere

Der Erstflug des Prototyps fand im Oktober 1987 statt. Nach Gründung der Firma EH Industries durch AGUSTA und WESTLAND entwickelte man für die Marinen der beiden Länder Italien und Großbritannien eine überwiegend militärisch geprägte Version des EH 101. Durch den Bedarf an Offshore-Hubschraubern dieser Größenklasse für Rettung und Bohrinselversorgung ergab sich die Modifikation zur zivilen Version.

Der Hubschrauber zeigt seitlich die typischen Konturen heutiger Transport-

Der EH-101 ist vielseitig einsetzbar und seine nicht ganz amphibischen Ambitionen werden noch bislang durch die Sicherheit von drei Triebwerken gestützt.

TECHNISCHE DATEN

Schwerer Transporthubschrauber	
Antrieb	drei Gasturbinen Rolls Royce - Turbomeca RTM 322 mit je 2.300 WPS oder drei General Electric CT 7-6A1 mit je 2.040 WPS Leistung
Höchstgeschwindigkeit	308 km/h
Reisegeschwindigkeit	265 km/h
Rüstgewicht	8.990 kg
Abfluggewicht	14.280 kg
Schwebeflughöhe	im Bodeneinfluss 2.740 m
	ohne Bodeneffekt 1.670 m
Dienstgipfelhöhe	4600 m
Reichweite	900 km
Zuladung	2 Piloten plus 30 Passagiere
Rotordurchmesser	18,60 m
Rumpflänge	19,50 m
Höhe Rotorkopf	5,20 m
Rotorkreisflächenbelastung	52,50 kg/qm

hubschrauber. Auffallend ist jedoch der relativ große Konuswinkel des Rotors, dessen fünf Blätter verhältnismäßig kurz wirken. Durch die vergrößerte Profiltiefe der gepfeilten Blattenden wird die Rotorkreisfläche deutlich und vermittelt den Eindruck geringer Drehzahl. Auf dem Rumpfrücken sind die drei (!) Turbinen in

Y-Form installiert, somit ist der horizontale Platzbedarf schmäler. Zwischen den vorderen Antrieben sitzt das Hauptgetriebe. Der Rumpf ist durch Schiebetür und Heckklappe zugänglich. Das Hauptfahrwerk nehmen die seitlichen Wülste auf, das Bugrad verschwindet unter dem Cockpit im Kabinenboden.

Der Vierblattheckrotor wirkt am oberen Ende des gepfeilten, seitlich geneigten Heckpylons. Der horizontale Stabilisator ragt rechts aus dem Heckauslegerende. An dessen linker Seite ist ein Leitblech aufgesetzt, um die Strömungsverhältnisse zwischen Rumpfende, Hauptrotorstrahl und Heckrotor zu entstören.

Enstrom F-28

D er erste zweisitzige Prototyp absolvierte seinen Erstflug im November 1960, der dreisitzige im Mai 1962.

Der F-28 durchlief ähnlich wie andere Leichthelikopter verschiedene Modifikationen. Antriebsseitig entstand der F-28 mit Turbocharger zur Leistungsverbesserung, Auch eine Version mit einer Turbine wurde erprobt – der T-28, der später mit einer Allison 250 C20W als Enstrom 480 angeboten wurde. Der keulenförmige Rumpf bietet Platz für drei nebeneinander sitzende Personen, der Pilot fliegt links. Die mittlere Sektion besteht aus geschweißtem Stahlrohrgerüst, verkleidet mit Kunststoffmate-

Nach wie vor elegant.
Markant mit seinem hohen Rotormast,
in dem die Steuerstoßstangen verlaufen.

TECHNISCHE DATEN

Leichter Mehrzweckhubschrauber		
Antrieb	ein Lycoming HIO-360 F1AD-Kolbentriebwerk mit 225 PS	
Höchstgeschwindigkeit		188 km/h
Reisegeschwindigkeit		170 km/h
Leergewicht		720 kg
Abfluggewicht		1.120 kg
Schrägsteigvermögen		6,6 m/s
max. Flughöhe		5.480 m
Schwebeflughöhe	im Bodeneffekt	3.480 m
	ohne Bodeneinfluss	2.530 m
Reichweite		460 km
Rotordurchmesser		9,75 m
Rumpflänge		8,45 m
Rotorkreisflächenbelastung		max. 15,8 kg/qm
Zuladung	Pilot plus 2 Passagiere	

rial und Leichtmetall. Den Heckkonus bilden Aluminiumhalbschalen.

Die Kraftübertragung vom Triebwerk zum Hauptgetriebe erfolgt über einen breiten Keilriemen.

Die Tanks liegen seitlich im mittleren Rumpfrücken und schließen mit dessen Außenhaut ab. Sie fassen 150 Liter.

Der gelenkige Dreiblattrotor (Schlag- und Schwenkgelenke) ist von einem auffallend hohen Rotormast angetrie-

ben. Die drei Steuerstoßstangen verlaufen innerhalb, wo sie laut Hersteller
gegen Beschädigung und vor Vereisung
geschützt sind.

Der Zweiblatt-Heckrotor arbeitet am
extremen Rumpfende, er wird durch die
geradlinig auf dem Heckrücken gela-
gerte Welle angetrieben. Vor dem Heck-
rotorbereich schließt eine kleine Vertikalflosse den Heckkonus ab. Davor ist
der horizontale Stabilisator montiert.

Das Kufengestell ist durch V-Streben
geführt und kann enorme Landestöße
durch Stoßdämpfer aufnehmen. Ab
dem F-28C wurde eine durchgehende
Frontscheibe mit diversen Modifikationen des Cockpit-Layouts geboten. Der F-
28/280 Shark wird als Schulungsgerät
eingesetzt, für Trainingszwecke, leichten Transport sowie Geschäftsreisen.
Die Richtungsstabilität wurde später
durch zwei Endscheiben bewirkt.

Eurocopter EC 120 Colibri

Die elegante Erscheinung des Colibri erinnert sofort an die Gazelle. Diese Version ist eine Gemeinschaftsentwicklung nach neuesten Erkenntnissen der Hubschraubertechnik. Es wurden überwiegend Verbundwerkstoffe verwendet, der dreiblätterige Hauptrotor, dessen Blätter parabelförmig für bessere Aerodynamik enden, wird von einem Spheriflex-Rotorstern getragen. Auffal-

lendes Charakteristikum ist der Heckausleger mit dem Fenestron mit acht unsymmetrischen Blättern. Vor der großdimensionierten Seitenflosse ragt beidseitig der horizontale Stabilizer.

Wie von Fenestron-ausgestatteten Maschinen gewohnt, verhält sich auch der EC 120 sehr geräuscharm. In der Autorotation beweist der Hauptrotor auch bei „schwindender" Drehzahl

*Bergeinsätze sind für den EC 120
kein unbekanntes Terrain.*

aufgrund der Einmotorigkeit nicht möglich, da für Luftrettung und Kranken-
transportflüge in Europa zwei Triebwerke vorgeschrieben sind.

TECHNISCHE DATEN		
Leichter Mehrzweckhubschrauber		
Triebwerk	Eine Turbine Turbomeca Arrius 2F	
		mit 511 WPS Leistung
Höchstgeschwindigkeit		278 km/h
Reisegeschwindigkeit		228 km/h
Schrägsteigvermögen		6,7 m/s
Leergewicht		895 kg
Abfluggewicht		1.680 kg
Dienstgipfelhöhe		5.350 m
Schwebeflughöhe	im Bodeneffekt	4.100 m
	ohne Bodeneffekt	3.400 m
Reichweite		700 km
Rotordurchmesser		10 m
Rumpflänge		9,60 m
Höhe		3,40 m
Rotorkreisflächenbelastung		20,57 kg/qm
Nutzlast		780 kg
Zuladung	Pilot plus 4 Personen	

noch Reserve. Wie bei vielen Drehflüglern neuester Generation verkörpert
der Colibri einen gelungenen Kompromiss aus Flugstabilität und Wendigkeit.
Für Landungen auch in unwegsamem
Gelände sorgt das einteilige Kufengestell. Manche Einsatzarten werden

*Das Panel des EC 120 B macht einen sehr
übersichtlichen Eindruck.*

Bei Schnee sind Kufen eine Notwendigkeit.

Eurocopter EC 130 B4

Die Flugerprobung begann 1999. Der EC 130 B4 erscheint als naher Verwandter des AS 350 Ecureil, muss aber als neue Konstruktion angesehen werden und ist eher ein Abkömmling des EC 120. Trotz der mehr gedrungenen Rumpfform bietet dieser mehr Raum. Der Kunststoff-Hauptrotor dreht wie bei allen gängigen Hubschraubern französischer Produktion im Uhrzeigersinn, in der Draufsicht betrachtet. Der Rotor-

Der EC-130 setzt die Konstruktionslinie des EC-120 unverkennbar fort.

TECHNISCHE DATEN		
Leichter Mehrzweckhubschrauber		
Antrieb	eine Gasturbine Turbomeca Arriel 2B1	
		mit 850 WPS Leistung
Höchstgeschwindigkeit		285 km/h
Reisegeschwindigkeit		255 km/h
Leergewicht		1370 kg
Abfluggewicht		2.400 kg
max. Schrägsteigvermögen		11,5 m/s
Dienstgipfelhöhe		5.020 m
Schwebeflughöhe	im Bodeneinfluss	3.260 m
	ohne Bodeneffekt	2.660 m
Reichweite		600 km
mit Außenlast		2.800 kg
Rotordurchmesser		10,69 m
Rumpflänge		10,70 m
Höhe (Vertikalfinne)		3,60 m
Rotorkreisflächenbelastung		31,50 kg/qm
Zuladung	Pilot plus max. 7 Personen	
im EMS-Einsatz	2 Liegendpatienten plus 2 Pfleger	
Außenlast		max. 1.160 kg

kopf ist nach dem Spheriflex-System gebildet. Das Triebwerk wird digital kontrolliert.

Für besondere Geräuscharmut sorgt der Fenestron, der von der Seitenflosse ummantelte Fan. Die Flosse ist zur Unterstützung des Drehmomentausgleichs profiliert und versetzt. Am Ende des Tail Boom ist die Vertikalflosse befestigt.

Das Landewerk besteht aus Kufen, deren hintere Querträger verkleidet sind.

Den EC 130 kann man sehr leicht mit dem EC 120 verwechseln. Doch es gibt ein paar äußerlich deutliche Unterschiede: Während die Kabine des 120 hochovalen Querschnitt hat, ist jener des 130 mehr quadratisch und ist stark abgerundet. Triebwerk und Getriebe des 120 werden von einer großen sphärischen Wölbung verkleidet – die des 130 wirkt schmäler und eckig. Der Heckkonus des 120 erscheint schlanker und setzt hoch am Kabinenende an – der Rumpf des 130 hat eher Keulenform: Deutlich ist auch die größere Profiltiefe der Vertikalflosse über dem Fenestron des 130.

Eurocopter EC 135

Der EC 135 ist das Entwicklungsergebnis des frühen Technologie-Demonstrators Bo 108. So wurden Haupt- und Heckrotor vollkommen ohne jegliche Gelenke und aus FaserverbundWerkstoffen hergestellt. Die Antriebskomponenten sind mit speziellen Vibrationsdämpfern versehen. Die Zellenstruktur besteht aus Kunststoff. Der Heckausleger beinhaltet den Fenestron-Ausgleichsrotor. Der Hauptrotor weist keinerlei Lager mehr auf. Zur Verstellung der vier Blätter werden im Bereich der Blattwurzeln elastische Drallelemente verformt, die in eine ärmelähnliche Struktur übergehen. Die Steuerimpulse werden über die übliche Taumelscheibe und Stoßstangen an die tütenförmigen äußeren Blattwurzeln übertragen. Die verschiedenen optionellen Triebwerke sind aerodynamisch günstig im Rumpfstrak untergebracht. Da der Hauptrotor wie bei den MBB-Modellen gegen den Uhrzeigersinn dreht,

*Der EC 135 setzt die Linie fort,
für die der EC 120 stand.*

Neben dem Einsatz für Polizeiaufgaben bewährt sich der 135 besonders auch im Search-and-Rescue-Bereich als „Flying Intensive Care Station". Auch die Aufnahme des Patienten durch eine Winde mit 90m-Seil ist möglich.

Für „Offshore"-Einsätze kann der EC 135 mit aufblasbaren Notschwimmern bestückt werden.

TECHNISCHE DATEN	
Leichter zweimotoriger Mehrzweckhubschrauber	
Antrieb	2 Gasturbinen Turbomeca Arrius 2B2 mit je 634 WPS oder 2 Pratt & Whitney PW 206 B2 mit je 667 WPS Leistung
Höchstgeschwindigkeit	259 km/h
Höchstreisegeschwindigkeit mit max. Gewicht	254 km/h
ökonomische Reisegeschwindigkeit	230 km/h
Leergewicht	1.455 kg
Abfluggewicht	2.910 kg
Schrägsteigvermögen	7,6 m/s
Dienstgipfelhöhe	3045 m
Schwebeflughöhe (mit Startleistung) ohne Bodeneffekt	2.010 m
Reichweite	635 km
max. Flugdauer bei 100 km/h	3 Std 35 min
Rotordurchmesser	10,20 m
Rumpflänge	10,17 m
Höhe (über Tailfin)	3,55 m
Rotorkreisflächenbelastung	max. 35,60 kg/qm
Nutzlast	1.455 kg
Max. Tragkraft Außenlastschlinge	1.360 kg
Zuladung	Pilot plus bis zu 7 Personen

ist der großflächige Vertikalfin wie die beiden an der Horizontalflosse sitzenden Endscheiben nach rechts ausgestellt, um den Fan bei Vorwärtsfahrt zu entlasten.

Beide angebotenen Triebwerkstypen sind mit FADEC ausgestattet und bedeuten eine große Entlastung für Piloten und Betriebssicherheit für das Aggregat. Der ummantelte Heckrotor ist hoch effizient, sehr leise und weniger verletzlich.

Trotz vieler äußerlich angebrachter Teile wie Cable Cutter, Spiegel und Trittleisten wird die aerodynamische Optik nicht wesentlich gestört.

Eurocopter EC 145

Der Erstflug des 145 fand im Juni 1999 statt. Diese in mehreren Aspekten wesentlich verbesserte Variante des BK 117 C-2 wurde in EC 145 umbenannt und wird u. a. vom ADAC, der Schweizer Rega und von der französischen Gendarmerie eingesetzt. Außer stärkeren Triebwerken änderte sich auch die Blattgeometrie des Haupt-Rotors.

Durch Erweiterung der Rumpfstruktur nahm das Kabinenvolumen deutlich zu. Das Cockpit erhielt NVG-Ausrüstung und modernere Avionik. Bei Rettungseinsätzen ist das Beladen durch die Hecktür wesentlich erleichtert.

Diesem Exemplar sieht man schon die Namensänderung in EC 145 an.

TECHNISCHE DATEN	
Mehrzweckhubschrauber	
Triebwerke	zwei Turbomeca Arriel 1E2 Gasturbinen mit je 750 WPS
Reisegeschwindigkeit	270 km/h
Leergewicht	1740 kg
Abfluggewicht	3.550 kg
Schrägsteigvermögen	8,5 m/s
Reichweite mit Standardtanks	670 km
Dienstgipfelhöhe	5.300 m
Flugdauer	3 Std 20 min
Rotordurchmesser	11,00 m
Rumpflänge	10,20 m
Höhe	3,95 m
Rotorkreisflächenbelastung	37,3 kg/qm
Nutzlast	max. 1.500 kg
Zuladung	Pilot plus bis zu 11 Personen

Der Prototyp flog erstmals 1955 mit einem 200 PS leistenden Kolbentriebwerk.

Nach dem Einbau der 360 PS starken Artouste wurde die Serie in viele Länder zu verschiedenen Einsätzen exportiert. Die Hauptbaugruppen wurden kaum verändert. Charakteristisch für den Alouette (Lerche) ist das Stahlrohrgerüst. Das Mittelteil nimmt den Tank auf und trägt Turbine, Hauptgetriebe und Rotormast, der den Dreiblattrotor mit seinen bekannten langen Blattgriffen und den Stahlkabeln im Uhrzeigersinn dreht. Der Stahlrohrheckausleger trägt keine vertikale, sondern nur eine horizontale Flosse. Der Zweiblattheckrotor wird durch einen stabilen Bügel geschützt. Die ausgerundete Kabine bietet Vollsicht bis Fußbodenhöhe.

Hinter dem Tank vermeiden Verkleidungsbleche stärkere Leewirbel.

TECHNISCHE DATEN		
Fünfsitziger Mehrzweckhubschrauber		
Antrieb	eine Gasturbine Turbomeca Artouste	
	IIC. 6 mit 360 WPS oder (SA-3180)	
	Turbomeca Astazou IIA mit 550 WPS	
Höchstgeschwindigkeit		175 km/h
(SA-3180)		194 km/h
Reichweite		300 km
Schwebeflughöhe	im Bodeneinfluss	2.000 m
	ohne Bodeneffekt	1.300 m
Dienstgipfelhöhe		3.200 m
Leergewicht		990 kg
Abfluggewicht		1.600 kg
Rotordurchmesser		10,20 m
Rumpflänge		9,70 m
Höhe		2,75 m
Kreisflächenbelastung		19,75 kg/qm max

Der Instrumentenpilz steht vor und zwischen den beiden Vordersitzen. Die Sensibilität der Steuerung durch Hy-

Neben seinen Aufgaben im Personentransport und für Patrouillenflüge hat sich der spartanisch aussehende Alouette II auch als Schul-Hubschrauber bewährt.

Ein reines Arbeitstier auch für größere Höhen ist der „Lama".

draulikunterstützung erforderte Einfühlung sowie der den gängigen amerikanischen Typen entgegengesetzte Drehsinn des Rotors kurze Umgewöhnung. Der Al-II war ein ideales Einstiegsmuster auf Turbinenhubschrauber.

SA 315 B LAMA

So ist der Alouette-II-Hubschrauber weithin bekannt geworden – wie sein Nahverwandter, der SA 315 B Lama. Dessen erster Entwurf datiert von 1968. Er wurde als typisches Arbeitstier berühmt und wird für Transporte, besonders für Außenlasten, speziell in höheren Regionen, eingesetzt.

Der Lama stellt den großen Bruder des Al-II dar. Er flog im März 1969 erstmals und stellte im Juni 1972 den Höhenweltrekord für Hubschrauber mit 12.440 m (!) auf. In einigen Ländern wurde er in Lizenz gebaut.

Der Hubschrauber wurde insgesamt vergrößert, die Rotorkreisfläche um 13,66 qm. Das Fluggerät ist äußerst wendig und robust, die wartungstechnische Zugänglichkeit ist nahezu hindernisfrei.

TECHNISCHE DATEN	
Antrieb	1 Turbomeca Artouste IIIB-Gasturbine mit 870 WPS Leistung
Höchstgeschwindigkeit	210 km/h
Leergewicht	1.020 kg
Abfluggewicht	2.300 kg
Reichweite	400 km
Rotordurchmesser	11,02 m
Rumpflänge	12,95 m
Höhe	3,00 m
Zuladung	Pilot plus 4 Passagiere

Eurocopter SA 316 / 319 Alouette III

Der Alouette III beeindruckte bei seinem Erscheinen in den 50er-Jahren als Siebensitzer durch seine relativ kleinen Dimensionen. Diese sind fast vergleichbar mit denen des Lama. Er wurde außer der militärischen Verwendung für Einsätze im Rettungsdienst, für Pilotenausbildung und vorwiegend Außenlasttransporte vorgesehen. Lizenzverträge gingen an Indien, Rumänien und an die Schweiz. Der Al III wurde in den Alpenländern aufgrund der guten Höhenleistungen bevorzugt.

Der Dreiblattrotor ist voll gelenkig, die Blattgeometrie ist rechteckig, der Heckrotor weist ebenfalls drei Blätter

Der Sound des Alouette III war vielen in Bergnot geratenen Menschen ein willkommenes Geräusch.

TECHNISCHE DATEN		
Leichter Mehrzweckhubschrauber		
Triebwerk	1 Gasturbine Turbomeca Artouste IIIB	
		mit 870 WPS
Höchstgeschwindigkeit		210 km/h
Reise		185 km/h
Leergewicht		1.120 kg
Abfluggewicht		2.200 kg
Schwebeflughöhe	im Bodeneinfluss	3.100 m
	ohne Bodeneffekt	1.700 m
Schrägsteigvermögen		4,5 m/s
Reichweite		500 km
Rotordurchmesser		11,02 m
Rumpflänge		10,03 m
Rotorkreisflächenbelastung		23 kg/qm
Zuladung	Pilot plus 6 Passagiere	
Außenlast		max. 750 kg

auf. Das Mittelstück des Rumpfes besteht aus einem Stahlrohrgerüst, welches die zentrale Verkleidung und vorne die Kabine trägt. Die seitlichen Schiebetüren passen sich der Rundung der Kabine an und erlauben die Ladung auch sperriger Lasten. Auf dem Rumpfrücken sitzt unverkleidet das Triebwerk.

Die Rumpfmitte geht strömungs-
günstig in den Heckausleger über, der
in Halbschalenbauweise hergestellt
ist. Vor dem Heckrotor sorgt die horizontale Flosse mit Endscheiben für
Längs- und Richtungsstabilität bei Vorwärtsfahrt. Das abgestrebte Radfahrwerk kann auch mit Kufen versehen
werden, das nachlaufende Bugrad ist
unter dem Cockpit fixiert. Die sphärisch
gewölbte Cockpitverglasung erlaubt eine gute Rundumsicht besonders während Sucheinsätzen. Bei dem abgebil-
deten ÖAMTC-Hubschrauber wird der
typische Alouette-Rotorkopf mit Blattanschlüssen deutlich.

Der Alouette III wird in vielen Konfigurationen eingesetzt.

Der Erstflug des Prototyps fand im April 1965 statt. Seither wurden viele verschiedene Versionen für militärische und zivile Verwendung hergestellt. Die Konstruktion erfuhr mehrfache Änderungen. Ursprünglich bestand der Hauptrotor aus vier Blättern, der Heckrotor aus fünf. Der 225 wird nun von einem Fünfblattrotor getragen, der aus Kunststoff hergestellt ist. Die Blatt-

TECHNISCHE DATEN	
Mittelschwerer Mehrzweckhubschrauber	
AS 332	
Antrieb	2 Gasturbinen Turbomeca MAKILA 1A1
	mit je 1877 WPS
Höchste Reisegeschwindigkeit	262 km/h
Reichweite	979 km mit zentralem Zusatztank
Max. Abfluggewicht	8600 kg
mit Außenlast	9350 kg
Nutzlast	4100 kg
Zuladung	2 Piloten plus 19 Passagiere
(Komfortversion) oder 4500 kg an der Lastschlinge	
Schrägsteigvermögen	6,5 m/s
Schwebeflughöhe	2500 m mit Bodeneffekt
EC 225	
Antrieb	2 Gasturbinen Turbomeca MAKILA 2A
	mit je 2410 WPS
Höchste Reisegeschwindigkeit	262 km/h
Reichweite	937 km (mit Zusatztank)
Rotordurchmesser	16,20 m
Rumpflänge einschließlich Heckrotor	16,80 m
Höhe bis Rotorkopfabdeckung	4,60 m
Rotorkreisflächenbelastung	53,40 kg/qm
Max. Abfluggewicht	11.000 kg
mit Außenlast	11.200 kg
Nutzlast	5.730 kg
an der Schlinge	5.000 kg

enden sind angeschrägt. Der Ausgleichsrotor besteht aus vier Blättern.

Seit 2001 ist die Weiterentwicklung EC 225 verfügbar und bietet als kräftigere Variante Platz für 2 Piloten und 24 Passagiere plus 1 Steward, ist also ein typischer Verkehrshubschrauber.

Das Kabinenvolumen nahm durch Erweiterung des Rumpfes zu. Dieser ähnelt dem eines kleinen Transportflugzeugs. Der Bug der Schalenbauweise verdient durch die großzügige, wenngleich auch segmentreiche Verglasung fast die Bezeichnung Vollsicht. Hinter der stark verjüngten Kabine verläuft der Heckausleger mit stark gepfeilter Seitenflosse mit Heckrotor. Unterhalb des Hecks verläuft eine zusätzliche Kielflosse.

Dem Heckrotor gegenüber ragt die horizontale Flosse mit negativ wirkendem Vorflügel aus dem Pylon. Die beiden Triebwerke sitzen über dem vorderen Kabinenbereich. Typisch für die Super Puma sind die direkt nach vorne gerichteten Triebwerks-Lufteinläufe, deren Filtervorsätze zusätzlich weit hervorragen.

Für gute Sicht aus der Kabine können seitlich je 6 Fenster sorgen. Vor dem Übergang Rumpf-Heckausleger ragen die Tropfenkörper zur Aufnahme des halbeinziehbaren Hauptfahrwerks aus dem Rumpf, dahinter beruhigen Leitflossen die Strömung. Das Bugrad verschwindet im Bugraum.

Der Puma wird im gesamten Hubschrauber-spezifischen Spektrum eingesetzt, besonders im Offshore-Sektor

und SAR. Bristow in England setzt die 225 ebenfalls im Offshore-Bereich ein. So sind für Notfälle am Bug und an den seitlichen Wülsten aufblasbare Emergency Floates angebracht. Der Super Puma fliegt unter der Bezeichnung EC 225, während seine militärische Variante als EC 725 eingesetzt wird.

Auch für den Abtransport von Bäumen aus schwierigem, waldreichem Gelände wurde ein Super Puma gewählt.

Die Up-to-date-Version des EC 225 verfügt über modernste Avionik und erhöhte Triebwerksleistung um 13 %. Au-

Der EC 225 Super Puma ist in vielen Variationen anzutreffen. Hier ist er in Fernost im Einsatz.

ßerdem wurde die Nutzlast im Vergleich zur früheren L2-Variante um 1.650 kg erhöht. Mit Anbringung einer unter dem Rumpfende vergrößerten Vertikalflosse verbesserte sich auch die Stabilität im Reiseflug.

Optional sind Haupt- und Heckrotorblätter elektrisch beheizbar, um eine Bedingung für Allwetterflüge erfüllen zu können, übrigens als erster westlicher Hubschrauber.

Eurocopter AS 360 / AS 365 Dauphin

Die Prototypen des Dauphin flogen erstmals im Juni 1972 bzw. im Januar 1973. Die erste Serienmaschine wurde 1975 ausgeliefert.

Der einmotorige Hubschrauber, der zunächst mit einer Turbomeca Astazou XVIIIA-Turbine mit 1.050 WPS flog, war als Nachfolger des Alouette III vorgesehen. Für den Hauptrotor wurden GFK-Blätter verwendet. Obwohl der SA 360 noch drei Geschwindigkeitsweltrekorde (u. a. 312 km/h über 3km-Strecke) flog und dabei eine dem Gewicht von acht Personen entsprechende Zuladung trug, bot sich kein größerer Markt für den einturbinigen Hubschrauber dieser Größe. Militärisch blieb der SA 360 chancenlos und wurde zugunsten einer 2-Mot-Version eingestellt.

Das zierlich anmutende Fahrwerk des Dauphin lässt sich umso besser unter der Außenhaut unterbringen.

TECHNISCHE DATEN	
Mehrzweck- und Transporthubschrauber	
Höchstgeschwindigkeit	315 km/h
Reisegeschwindigkeit	275 km/h
Leergewicht	1.560 kg
Abfluggewicht	3.000 kg
Schrägsteigvermögen	10 m/s
Schwebeflughöhe mit Bodeneinfluss	3.270 m
ohne Bodeneffekt	2.650 m
Reichweite ohne Reserve	680 km
Rumpflänge	11,00 m
Rotordurchmesser	10,98 m
Rotorkreisflächenbelastung	31,70 kg/qm
Sitze	15 inkl. Piloten

Auffallend ist der 13-blättrige Fenestron. Dieser Heckrotor ist in der sehr großen Heckflosse eingelassen und macht seine Herkunft vom SA 341/342 Gazelle deutlich. Der SA 360 ist noch mit einem starren Fahrwerk ausgestattet,

Die untere Kante des Heckfins nimmt das Spornrad auf.

Die vor dem Fenestron angebrachte horizontale Stabilisierungsflosse trägt jeweils seitliche Fins zur Beruhigung des Vorwärtsfluges.

EUROCOPTER AS 365 DAUPHIN 2

Eine wesentlich erfolgreichere und zugleich elegantere Erscheinung verkörpert die Zweiturbinen-Version AS 365 Dauphin 2. Diese hob im Januar 1975 zum Jungfernflug ab.

Der Rumpfbug wurde leicht zugespitzt, die Frontverglasung wurde teilweise reduziert. Der Dauphin 2 erhielt ein einziehbares Bugradfahrwerk.

Der spätere und noch erfolgreichere AS 365 N bekam fast vollständig überarbeitete oder neue Komponenten,

TECHNISCHE DATEN

Triebwerke	2 Turbomeca Arriel1C2 Gasturbinen mit je 750 Wellen-PS
Höchstgeschwindigkeit	315 km/h
Reisegeschwindigkeit	285 km/h
Leergewicht	2.235 kg
Abfluggewicht	4.250 kg
Reichweite	900 km
Rumpflänge	11,44 m
Rotordurchmesser	11,44 m
Rotorkreisflächenbelastung	41,37 kg/qm
Zuladung	Pilot plus 13 Passagiere

Eurocopter AS 360 / AS 365 Dauphin

Der Fenestron der Dauphins erscheint aufwendig, beweist jedoch seine Vorteile bezüglich Geräuscharmut und Unverletzlichkeit.

drei Viertel aus Kunststoff. Im Entwurf des Rotorkopfes wurde die Starflex-Technik angewandt. Der AS 365 Dauphin wird als Firmenhelikopter, VIP-

Transporter und Reisehubschrauber eingesetzt. Er fliegt als SAR-Version bei der US Coast Guard, als Lizenzversion in China. Die Militärversion „Panther" stellte Steigzeit-Weltrekorde mit knapp 3 Minuten 3.000 m Höhe auf. Eine Experimentalversion erreichte eine Höchstgeschwindigkeit von 370 km/h.

EUROCOPTER EC 155

Auf der bewährten Basis des AS 365 N2 entstand der wesentlich weiter entwickelte Eurocopter EC 155.

Neben deutlicher aerodynamischer Verfeinerung der Rumpfkomponenten erhielt das Muster einen Spheriflex-Fünfblattrotor, dessen Durchmesser um 0,60m vergrößert wurde. Die Rotorblattenden weisen eine Vertiefung des Profils auf.

Demzufolge erhielt auch der Fenestron eine Modifizierung.

Die Kabine wurde wesentlich vergrößert, indem sie verlängert und vertikal ausgedehnt wurde, der Gepäckraum wurde ebenfalls erweitert.

Die Verglasung wurde in mehrere Segmente aufgeteilt.

Das Cockpit erhielt die Instrumentierung der derzeitig modernen Version.

Mit der Namensänderung gingen auch einige Modifikationen des AS 365 N2 einher: stärkere Triebwerke und Spheriflex-Fünfblattrotor.

Der Prototyp des Ecureuil startete erstmalig im Juni 1974 (mit Lycoming-Triebwerk), im Februar 1975 mit Arriel. Der Dreiblattrotor ist mit einem so genannten Starflex-Rotorkopf versehen.

Dessen Kunststoffstern nimmt die Blattwurzeln auf und dient quasi als „starr-flexible" Schlag- und Schwenkgelenke. Der Aufbau des Rotors ist relativ einfach. Der aerodynamisch günstige Keulenrumpf läuft in einer vertikalen Haifischflosse als Stabilisator aus.

Vor dem Ausgleichsrotor sitzt die Horizontalflosse. Der Heckrotor wirkt auch hier in Drehrichtung des Hauptrotors, jedoch rotiert dieser – wie es für französische Hubschrauber typisch ist – im Uhrzeigersinn.

Der Start aus begrenzten Räumen ist, wenn die Bedingungen dafür stimmen, kein Problem.

TECHNISCHE DATEN

Leichter Mehrzweckhubschrauber	
Triebwerk	eine Gasturbine Turbomeca Arriel mit 740 WPS Leistung bzw. Avco Lycoming LTS 101 mit 592 WPS
Höchstgeschwindigkeit m. Ariel-Antrieb	265 km/h
Reisegeschwindigkeit auf Meereshöhe	230 km/h
Leergewicht	950 kg
max. Abfluggewicht	2100 kg
Schwebeflughöhe mit Bodeneinfluss	3.250 m
ohne Bodeneffekt	2.500 m
Reichweite	700 km
Rotordurchmesser	10,69 m
Rumpflänge	10,90 m
Rotorkreisflächenbelastung	22,50 kg/qm
Beladung	6 Personen
Außenlast	bis 800 kg

Haupt- und Heckrotorblätter erhielten tiefere Profile, ein modifiziertes Hauptgetriebe und stärkere Hydraulikanlage. Für den Antrieb kann man zwischen zwei Turbomeca Arrius TM 319 und zwei Allison 250 C20F wählen.

So wurde das Abfluggewicht der AS 355 F2 Ecureuil 2 um 440 kg auf 2.540 kg erhöht. Das Einsatzspektrum umfasst VIP-Transporte, Offshore-Zubringerdienste und Luftrettung. Eine

EUROCOPTER AS 350 B2 ECUREUIL

Die konsequente Verringerung dynamisch beanspruchter Teile und die Anwendung der Modulbauweise vereinfachen den Wartungsaufwand drastisch. Zur Erhöhung der Sicherheit im Falle eines Triebwerksversagens erwog Aerospatial die Entwicklung des zweimotorigen Musters AS 355.

TECHNISCHE DATEN

Triebwerk	1 Turbomeca Arriel 1D1 Gasturbine mit 732 PS
Abfluggewicht	2.500 kg

Eurocopter AS 350 B Ecureuil

Mit zweimotoriger Sicherheit auch über hindernisreichem Gebiet vielfach einsetzbar: der AS-355

Winde mit 136 kg Tragkraft, Ausrüstung mit Notschwimmern, Zusatztank mit 475 l, höhere Landekufen, Autopilot sowie VIP-Ausstattung werden zusätzlich als Option geboten.

EUROCOPTER AS 355 F2 ECUREUIL 2

Am 14. Mai 2005 landete ein Ecureuil AS 350 B3 auf dem höchsten Punkt der Erde, dem Mount Everest, in 8850 m und brach damit den Höhenweltrekord für Landung und Start in größter Höhe.

TECHNISCHE DATEN

Triebwerke 2 Allison 250C-20F mit je 425 Wellen-PS

Unverkennbar: der Blattanschluss des Starflexrotors des zweimotorigen AS-355

Kaman Huskie H-43 B

Der Erstflug des Huskie fand im Dezember 1958 statt. Er wurde zunächst von einem Pratt & Whitney Sternmotor angetrieben, später mit Turbine Lycoming T-53 L-1A mit 825 WPS ausgestattet.

Die beiden ineinander kämmenden Rotoren arbeiten nach dem System Flettner und ersetzen den Heckrotor. Die Zweiblattrotoren blasen schräg zueinander auf eine Fläche am Boden, die zu Rettungszwecken freigehalten wird, An Bord werden Feuerlöschmittel mitgeführt.

Die Rotorblätter sind aus verschiedenen Materialien gefertigt, darunter auch Holz.

Die Rotoren werden durch an der Blatthinterkante befindliche Flettner-Ruder gesteuert. Die beiden Rotormaste ragen aus Pylonen auf dem kastenförmigen, abgerundeten Rumpf. Der doppelte Leitwerksträger hält mit

TECHNISCHE DATEN	
Feuerbekämpfungs-, Rettungs- und Sprühhubschrauber	
Triebwerk	Lycoming T-53 L-1B Gasturbine mit 860 WPS Leistung
Höchstgeschwindigkeit	190 km/h
max. Schwebeflughöhe	6.100 m
Reichweite	400 km
Leergewicht	2.000 kg
Abfluggewicht	4.000 kg
Rotordurchmesser einzeln	14,30 m
Rumpflänge	7,60 m
Höhe	4,05 m
Rotorkreisflächenbelastung	je 12,40 kg/qm

der Horizontalflosse vierfache Vertikalflossen, das Turbinenabgasrohr endet darüber. Das Vierfachfahrwerk kann mit Kufen versehen werden.

In den 90er-Jahren wurde der Huskie als Sprüh-Helikopter in der Schädlings-

bekämpfung eingesetzt. Der Huskie wurde in mehreren Hundert Exemplaren hergestellt und auch für den Einsatz speziell in extremen Bedingungen in heißen und hohen Landstrichen vorgesehen.

Dieser Huskie wurde in der Nähe von Phoenix (Arizona) aus mehreren ausgesonderten Exemplaren bis zur Flugfähigkeit zusammengesetzt.

Der erste der Prototypen startete im Dezember 1991. Nach erfolgter Zulassung im August 1994 begannen die Auslieferungen, darunter auch an Heli-Suisse und Helog.

Der außergewöhnliche Entwurf basiert auf einer Konstruktion von A. Flettner in den 30er-Jahren. Bekannt wurde das Prinzip auch durch den Kaman „Huskie".

Charakteristisch sind die zwei gegenläufigen gelenklosen Zweiblattrotoren, deren Antriebswellen soweit auseinander geneigt sind, dass die Rotoren ineinander kämmen. Durch gegenläufiges Rotieren wird das Drehmoment ausgeglichen, dadurch entfällt der Heckrotor. Die Steuerung der Rotoren erfolgt über Flettner-Ruder, die an den Hinterkanten im äußeren Blattbereich angebracht sind.

Zur Stabilität im Vorwärtsflug tragen eine durchgehende Höhenflosse, deren Enden je eine Seitenflosse abschließt, bei. Das Rumpfende geht in eine Vertikalflosse über.

Der Hubschrauber ist sehr einfach und robust konstruiert, er ist besonders für Einsätze in unzugänglichen Gebieten ausgelegt wie z. B. für den Transport von Baumstämmen und Masten. Die unübliche Kabinenanordnung ermöglicht eine hervorragende Sicht nach unten für präzise Schwebeflugmanöver.

Optional ist noch ein außerhalb der Kabine angebrachter Sitz für Flugbegleiter vorgesehen. Die Kabine selbst ist besonders crash-resistent gestaltet.

Das starre Dreibeinfahrwerk kann für den Einsatz auf verschneiten oder aufgeweichten Flächen mit „Schneeschuhen" versehen werden.

Eine Besonderheit des K-MAX ist die Steuerung durch die Klappen an den Blattprofilenden, wodurch auf eine aufwendige Hydraulikanlage verzichtet werden kann. Diese müsste bezüglich der Masse des Hubschraubers doppelt ausgeführt sein.

TECHNISCHE DATEN

Lastentransporthubschrauber, einsitzig		
Triebwerk	Eine Gasturbine Textron Lycoming	
	T 5317 A -1 mit einer Leistung	
	reduziert auf 1.500 Wellen-PS (1119 kW)	
Höchstzulässige Geschwindigkeit		
	ohne Außenlast	185 km/h
	mit Außenlast	148 km/h
Dienstgipfelhöhe		7.600 m
Schwebeflughöhe im Bodeneffekt		
und einer Nutzlast von 2270 kg		
sowie Kraftstoff für 1,5 Std.		2.450 m
Leergewicht		2.130 kg
Abfluggewicht		5.210 kg
Rotordurchmesser		je 14,70 m
Rumpflänge		15,80 m
Rotorkreisflächenbelastung		je 15,35 kg/qm
Zuladung, Pilot und Außenlast außerhalb		
	des Bodeneffekts	bis 2.300 kg
	im Bodeneffekt	2.700 kg

Auf diesem Foto erkennt man die gegenläufige Drehung der beiden Rotoren. Man beachte die Flettner-Ruder an den Blatthinterkanten! Diese Perspektive zeigt auch die Verstrebung zwischen beiden Rotorwellen.

Der K-MAX kann auch im Feuerwehreinsatz oder in der Landwirtschaft Verwendung finden, da er auch mit einem 2500l-Tank ausrüstet werden kann.

Kamov 31/32

Der Anblick des KA-31/32 erinnert spontan an den erstmals 1965 geflogenen bekannten KA-26. Allerdings bestehen drastische Unterschiede der Dimensionen. Das Prinzip der gegenläufigen Dreiblattrotoren erspart den Heckrotor. Während der KA-26 noch über einen doppelten Heckausleger verfügt, an dessen Enden der horizontalen Stabilisierungsflosse vertikale Seitenleitwerke sitzen, geht der Rumpf des KA-31/32 in einen gedrungenen Stummelschwanz über. An dessen Ende ist das großdimensionierte Höhen- und Doppelseitenleitwerk angebracht. Hier sind die Ruder beweglich und an

Der Kamov Ka-32 repräsentiert den größten Hubschrauber mit Koaxial-Rotoren.

TECHNISCHE DATEN

Mehrzweckhubschrauber		
Triebwerksanlage	Zwei Klimov- Gasturbinen	
	TV 3-117 VMA je 2.225 Wellen-PS (1.658 Kw)	
Höchstgeschwindigkeit bei 11.000 kg		
auf Meereshöhe		250 km/h
Maximale Reisegeschwindigkeit		230 km/h
Dienstgipfelhöhe		6.000 m
Schwebeflughöhe	mit Bodeneffekt	3.500 m
	ohne Bodeneffekt	1.700 m
Flugdauer		4,5 Std
Reichweite		800 km
Leergewicht		6.250 kg
Abfluggewicht		12.600 kg
Rotorkreisflächenbelastung		
bei max. Abfluggewicht		31,7 kg/qm
Zuladung	2 Piloten, 2 Systems Operators,	
16 Passagiere seitlich oder max. Nutzlast 5.000 kg		

den Seitenflossen verhindern feste Vorflügel einen dortigen Strömungsabriss. Die Seitenleitwerksprofile sind so versetzt, dass ihre Sehne zur Rotormastmitte weist. Durch diese „Schwalbenschwanz-Wirkung" können Gierschwingungen im Reiseflug verhindert werden.

Das vierbeinige starre Radfahrwerk kann für entsprechende Einsätze mit Schneeschuhen ausgestattet werden. Die beiden Turbinen sind nebeneinander auf dem Rumpfrücken untergebracht, ihre Verkleidung ist Teil des Rumpfstraks. Bei Durchmesser des ko-

axialen Rotorsystems von 15,90 m beträgt die Rumpflänge nur 11,30 m. Dadurch sind auch Einsätze auf begrenzten Flächen möglich wie Ölplattformen, Schiffen und bei Rettungsmissionen. Auch der Transport schwerer Außenlasten gehört zum Einsatzspektrum.

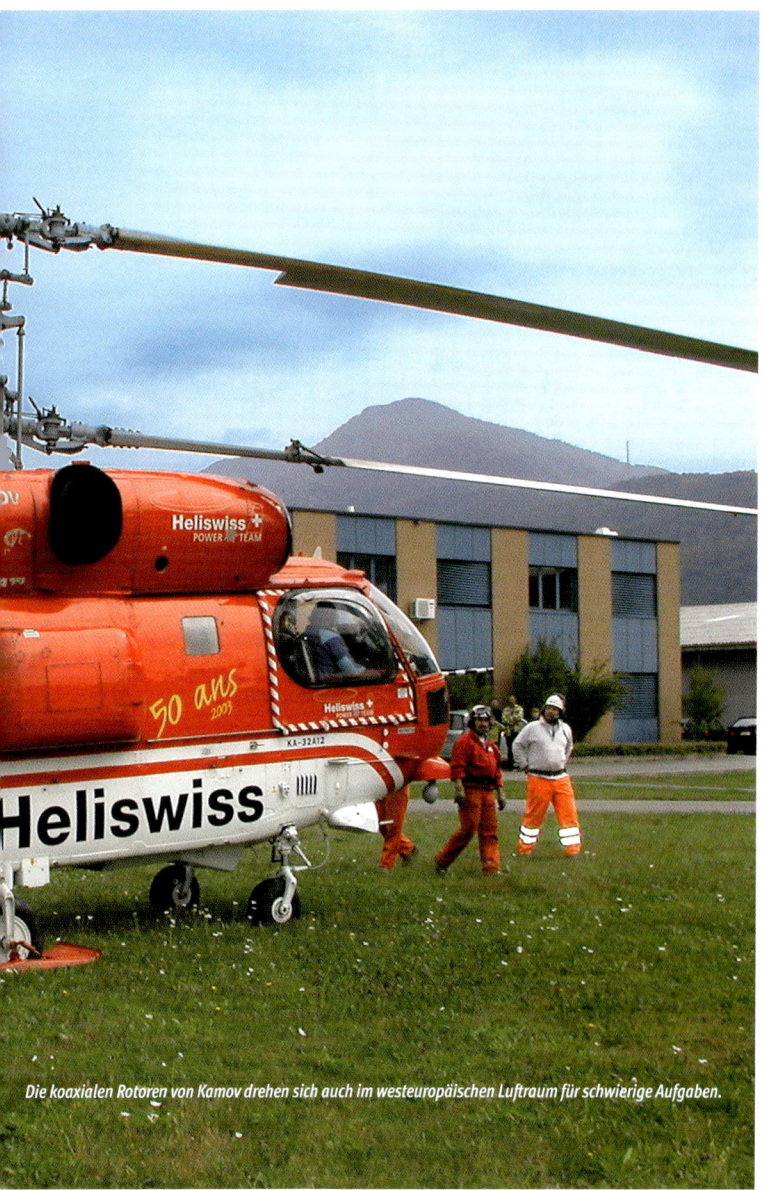

Die koaxialen Rotoren von Kamov drehen sich auch im westeuropäischen Luftraum für schwierige Aufgaben.

Kamov 62

Der KA-60 flog erstmals im Dezember 1998. Er ist die militärische Version des KA-62.

Etwa die Hälfte der Strukturmaterialien besteht aus Composite-Werkstoffen. Die Rotorblätter sind ebenfalls aus Kunststoffen gefertigt. Während der Prototyp mit vierblätterigem Rotor eingeflogen wurde, sollen zukünftige Serienmuster mit fünf Blättern ausgestattet werden. Die Blattenden sind zur Verminderung von Unterschall-Erscheinungen bei hoher Blattspitzengeschwindigkeit gepfeilt. Der Drehmomentausgleich des nicht Kamov-typischen Einzelhauptrotors erfolgt durch

TECHNISCHE DATEN		
Mehrzweckhubschrauber		
Antrieb	2 RKBM/Rybinsk Rd -600V Gasturbinen von je 1.280 Wellen-PS Leistung	
Höchstgeschwindigkeit		290 km/h
Reisegeschwindigkeit		245 km/h
Abfluggewicht		6.500 kg
Maximales Schrägsteigvermögen		13 m/s
Dienstgipfelhöhe (n. 0,5 m/s Steigen)		5.200 m
Schwebeflughöhe	im Bodeneinfluss	2.900 m
	ohne Bodeneffekt	2.000 m
Reichweite		
mit 12 Passagieren		750 km
mit Zusatztank		über 1.000 km
Rotordurchmesser		13,50 m
Rumpflänge		12,80 m
Höhe über Alles		3,70 m
Rotorkreisflächenbelastung	max. 45,40 kg/qm	
Außer den beiden Piloten können bis 16 Passagiere aufgenommen werden. Die Kabinennutzlast beträgt 2.000 kg, am Haken 2.270 kg		

einen Fenestron innerhalb der Seitenflosse. Am horizontalen Stabilisator sind zwei vertikale „Endscheiben" angebracht, die zwecks Entlastung des Fans bei Vorwärtsfahrt wie die Seitenflosse entsprechend profiliert sind. Besonders durch das Heckdesign gleicht

Trotz gleicher Rotordrehrichtung und Fenestron sowie Ähnlichkeit mit „Dauphin": Neuentwicklung Kamov-KA-62

der KA-62 dem EC-155. Das einziehbare Dreibeinfahrwerk weist eine zwillingsbereifte Spornradkomponente auf. Die Pilotenkabine bietet durch großflächige Verglasung hervorragende Sichtverhältnisse. Die Passagierkabine ist durch Schiebetüren für Frachtflüge und Sanitätseinsätze gut zugänglich.

Der Rumpf ist für hohe Reisegeschwindigkeit ausgelegt.

Kamov KA-226

Der KA-226 ist eine wesentlich ver-stärkte Variante des älteren KA-26 /126.

Der 26 wurde noch von zwei 9-Zylinder Sternmotoren mit je 325 PS angetrieben, die an den seitlichen Stummeln am Rumpf montiert waren, die auch der Aufnahme des Kraftstoffes dienen.

Nach der Beendigung der Fabrikation des Ka-26 wurde eine Turbinenvariante entwickelt, die mit 720 Wellen-PS stärker als die Kolbenmotorversion war. Diese Ka-126 genannte Variante wurde allerdings nach dem Bau nur weniger Exemplare wieder eingestellt.

Russische Institutionen suchten einen Hubschrauber, der möglichst geräuscharm und sicher auch über dicht-besiedeltem Gebiet operieren kann. Die Zweimotorigkeit und das Konstruktionsprinzip der koaxial rotierenden Drehflügel erfüllten von vornherein die Anforderungen, zumal der 226 nach Ausfall eines der Triebwerke nicht nur die Flughöhe halten, sondern noch einen flachen Steigflug einnehmen kann.

Da der Ka-226 auf reine Zweckmäßigkeit ausgelegt ist, wurde möglichst viel Gewicht an fast allen Komponenten eingespart. Die Rotorblätter, die aus Kunststoff hergestellt sind weisen erstaunlich wenig Eigengewicht auf. Die Frage nach der kinetischen Energie im Falle einer Autorotation erübrigt sich fast durch die Absicherung durch eine zweite Turbine.

Beim 226 sind die Allison - Turbinen über der Kabine untergebracht. Von hier aus erstreckt sich ein doppelter Leitwerksträger, an dessen Horizontalflosse zwei Endscheiben mit beweglichen Seitenrudern abschließen. Die Seitenflossen zeigen einwärts, ihre Anströmung ist durch Vorflügel gesichert.

Der Rumpfrücken des 226 stllt dem Rotorstrahl der beiden Rotorkreisflächen üblichen Verdrängungswiderstand entgegen. Durch entsprechende Entfernung der Blattwurzeln von der Rotormastmitte wird die Beaufschlagung etwas gemindert.

Das Kamov-typische koaxiale Rotorsystem besteht aus zwei gegenläufigen Dreiblattrotoren. Die beiden Rotordrehebenen sind vertikal soweit getrennt, dass eine gegenseitige Berührungsge-

TECHNISCHE DATEN	
Leichter Mehrzweckhubschrauber	
Triebwerke	2 Allison 250 C-20B
	mit je 420 WPS Leistung
Höchstgeschwindigkeit	205 km/h
Reisegeschwindigkeit	185 km/h
Leergewicht	1.950 kg
Abfluggewicht	3.400 kg
Schrägsteigvermögen	4,2 m/s
Dienstgipfelhöhe	5.000 m
Reichweite	600 km
Rotordurchmesser	13 m
Rumpflänge	8,10 m
Höhe	4,25 m
Rotorkreisflächenbelastung	
	max. 12,80 kg/qm je Rotor
Abfluggewicht	6.500 kg
Zuladung	1-2 Piloten plus bis 8 Passagiere

Als 226 ist dem früheren KA 26 ein voll ausgelastetes Weiterleben mit Turbinentriebwerken garantiert.

fahr ausgeschlossen ist. So ist auch genügend Platz für die Taumelscheiben und die Stoßstangen für die Übertragung der Impulse vom feststehenden zu den drehenden Teilen der Steuerungsanlage. Die zwei Hauptfahrwerksbeine sind an den beiden seitlichen Stummeln befestigt, die beiden vorderen unter der Rumpfnase.

Das Cockpit hat neben dem äußeren „Face Lifting" auch hinsichtlich der Avinik westliche Modernisierung erfahren.

Der 226 ist weiterhin wie seine Vorgängermodelle universell einsetzbar. So kann der hintere Kabinenteil problemlos als Passagier-, Fracht-, Ambulanz - oder Sprüh-Modul ausgewechselt werden. Der 226 ist auch für Patrouillenflüge vorgesehen.

Insgesamt kann man dem 226 ein Dutzend verschiedene Verwendungsrollen auftragen. Der Austausch der verschiedenen Module bewegt sich im Schwerpunktbereich.

Kazan Ansat

Der Ansat wird in drei Konzeptionen geflogen, z. B als Passagiertransporter zu schwer zugänglichen Regionen. Alle neun Sitze sind in Flugrichtung montiert. Als Frachttransporter ist ein Kabinenvolumen von 6,7 Kubikmetern verfügbar. Die VIP-Version sieht je nach Kundenwunsch vier Personen vor.

Die Passagier-Variante kann mit zusätzlichen, gewölbten Gepäckbehältern an der äußeren hinteren Kabinensektion versehen werden.

Der Kazan Ansat wird hauptsächlich auf dem östlichen Markt zu finden sein.

TECHNISCHE DATEN		
Antrieb	2 Pratt & Whitney PW -207 K	
	mit je 710 WPS	
Höchstgeschwindigkeit	280 km/h	
Reisegeschwindigkeit	250 km/h	
Abfluggewicht	3.300 kg	
Reichweite	635 km	
Dienstgipfelhöhe	5.700 m	
Schwebeflughöhe	ohne Bodeneffekt	3.300 m
Rotórdurchmesser	11,5 m	
Rumpflänge	11,18 m	
Höhe	3,5 m	
Rotorkreisflächenbelastung	32 kg/qm	
max. Innenlast	1.000 kg	
max. Außenlast	1.300 kg	

Neben der guten Überschaubarkeit spielt auch die Ergonomie im Cockpit des Kazan Ansat eine wichtige Rolle.

Der Rumpf ist reine Metallstruktur. Der gelenkfreie Rotorkopf, die vier Hauptrotor- und die zwei Heckrotorblätter sowie das Canopy sind aus Verbundwerkstoff gefertigt. Der Ansat ist mit einem Fly-by-Wire-System ausgestattet.

An der Unterseite des röhrenförmigen Heckauslegers ist die Höhenflosse mit vertikalen Endscheiben angebracht. Diese unterstützen den Heckrotor durch Schrägstellung. Das Landewerk bilden einfache Metallkufen. Hersteller ist die Firma Kazan Helicopters aus Russland.

Kazan Ansat

*Aerodynamische und fertigungstechnische Erfahrung lassen die Produkte immer ähnlicher werden.
Luftfahrtausstellungen sind begehrte Podien auch für Alles, was Drehflügel hat.*

DER „NOTAR" MD 520 N

Der mit seinem Rumpfvorderteil stark dem Hughes-500 ähnelnde MD 520 stellt die erste brauchbare Version eines „NOTAR"-Hubschraubers dar, der ohne Heckrotor auskommt: No Tail Rotor. Trotzdem wird der Drehmomentausgleich ebenfalls aero-dynamisch bewältigt. Ein Gebläse im Rumpfrücken drückt eine Luftmasse in den hohlen Heckausleger, die aus dessen Ende gezielt und über die Pedale gesteuerte Schlitze austritt und mit ihrem Rückstoß der Drehung entgegenwirkt. Außerdem wird aus weiteren seitlichen Längs-

Die „Cablecutter" am Bug weisen auch
auf Missionen im Tiefflug hin.

TECHNISCHE DATEN

Leichter Mehrzweckhubschrauber		
Antrieb	Eine Gasturbine Allison 250-C20 R-2	
	mit 375 Wellen-PS	
maximale Reisegeschwindigkeit		
auf Meereshöhe		230 km/h
Leergewicht		720 kg
Abfluggewicht		1.510 kg
Schwebeflughöhe	mit Bodeneffekt	2.800 m
	ohne Bodeneffekt	1.700 m
maximale Flughöhe		6.050 m
Schrägsteigvermögen		max. 7,9 m/s
Reichweite	380 km in 1.500 m Höhe	
Rotordurchmesser		8,3 m
Rumpflänge		7,8 m
Höhe		2,74 m
Rotorkreisflächenbelastung		max. 28,13 kg/qm
Zuladung	inkl. Piloten 5 bis 7 Personen	

schlitzen die Luft so gelenkt, dass sie zusammen mit dem abwärtsfließenden Hauptrotorstrahl eine Art Magnuseffekt entwickelt und hierdurch dem Dreh-

moment entgegenwirkt. Auf dem Ende des Heckauslegers ist eine horizontale Stabilisierungsflosse angebracht, deren Enden vertikale Flossen abschlie-

ßen. Eine davon ist mit einem beweglichen Ruder versehen.

Vorteile dieser Technik sind deutliche Geräuschreduzierung und der Wegfall der Beschädigungsgefahr eines Heckrotors und dessen möglicher Ausfall.

Bei der relativ kleinen Rotorkreisfläche von 54 qm sorgen fünf Rotorblätter für die erforderliche Kreisflächendichte.

DER „ENTDECKER" MD 600 N

Die Weiterentwicklung des MD 520 N, der MD 600 N „Explorer", erhielt eine um 1,5 m verlängerte Kabine. Den Antrieb liefert eine 800 WPS starke Allison 250C-47-Turbine. Der um 20 cm reduzierte Rotordurchmesser wird durch ein sechstes Blatt kompensiert, wobei die max. Abflugmasse erhöht werden konnte. Neben einem Piloten können bis zu sieben Passagiere transportiert werden. Die Höchstgeschwindigkeit wurde um 50 km/h gesteigert.

Gegenüber Bell und Eurocopter konkurriert McDonnel Douglas in der einturbinigen Klasse mit einem Platzangebot von sechs bis acht sowie mit günstigen Unterhaltskosten und geringerem Geräuschniveau. Damit ist das Entwurfsprinzip für Einsätze in besonders umweltsensiblem Gebiet prädestiniert.

Versionen mit Zusatztank können bis zu fünf Stunden Einsatzdauer planen. Das Triebwerk wird über ein FADEC-System (Full Authority Digital Engine Control) gesteuert.

Damit fing bei MDD die heckrotorlose NOTAR-Ära an.

McDonnell Douglas MD 520N, 600, 900

MD 900 EXPLORER

Dieses ebenfalls auf NOTAR-Technologie basierende Hubschraubermuster wird durch zwei Gasturbinen von Pratt & Whitney PW206B je 600 WPS angetrieben oder von zwei Turbomeca Arrius 2C von je 605 WPS.

Die maximale Geschwindigkeit wurde auf 320 km/h, die Reisegeschwindigkeit auf MSL bis 270 km/h gesteigert. Das Schrägsteigvermögen beträgt 14 m/s, die Dienstgipfelhöhe wird bei 6.000 m erreicht. Die Schwebeflughöhe mit Bodeneinfluss liegt bei fast 4.000 m, ohne Bodeneffekt noch bei 3.400 m. Die Reichweite beträgt etwa 600 km.

Mit einem Leergewicht von 1.460 kg und Zuladung von bis zu 10 Personen inkl. Piloten kann das Startgewicht 2.730 kg betragen. Mit Außenlast von 1.350 kg kann das maximale Abfluggewicht bis 3.050 kg steigen.

Die Kabine konnte auch deutlich erweitert werden, indem beide Triebwerke auf dem Rumpfrücken untergebracht sind und aerodynamisch im Strak liegen.

Der gelenklose Fünfblattrotor weist Hughes-typische geringe Profiltiefe auf, die Blattenden sind durch starke Pfeilung der Vorderkanten verjüngt.

An der horizontalen Stabilisierungsflosse sind zwei vergrößerte senkrechte Finnen angeschlossen, die mit ihrem seitlichen Einstellwinkel beim Einfluss von Vorwärtsfahrt den Drehmomentausgleich unterstützen. Ähnliche Merkmale sind auch beim BK-117 längst bekannt.

Das Landewerk ist deutlich niedriger, anstelle von Kufen wird auch ein festes Radfahrwerk angeboten.

Mit digitalem Cockpit, Wetterradar, FADEC und Flugstabilisierungs-System reiht sich der MD 900 in ähnliche

Konkurrenzmuster ein, die auch die Anforderungen der FAA/JAA hinsichtlich Cat A erfüllen, die eine sichere Landung nach Ausfall einer Turbine während der Start-oder Landephase verlangen.

Die Muster MD 902 und 903 sind mit Turbinen PW 206E mit 630 WPS Leis-tung zur Verbesserung der Flugleistungen ausgerüstet.

Der MDD 902 Explorer wird von der Boeing Company, Helicopters Division, Werk Mesa, Arizona USA hergestellt.

Der MDD „Explorer" fasste auch außerhalb seiner amerikanischen Heimat Fuß.

Der erste Dieselhubschrauber MK 3 könnte auch besonders im Marktsegment der Schulhubschrauber Fuß fassen und zu einer ernstzunehmenden Konkurrenz für gängige Trainingsmuster werden.

Das deutsche Unternehmen MK Helicopter hat den steigenden Bedarf an leichten und Kolbenmotor-getriebenen Hubschraubern erkannt und einen

tern wurde Composite-Bauweise ange-wandt. Das Rumpfmittelstück bildet ein Rohrrahmen, der das Triebwerk auf-nimmt.

Darüber sitzen Metallsegmente zur Abstützung des Hauptgetriebes. Der Rumpf umschließt sämtliche Kompo-nenten in konsequent aerodynamisch sauberer Form, diese wird auch durch die abgeflachte, runde Vollsichtvergla-sung des Cockpits unterstrichen. Hier ist optional auch eine LCD-Instrumen-tierung geplant. Ebenso soll durch FA-DEC (Motormanagement) die so ge-nannte Einhebelbedienung ermöglicht werden. Am Zweiblattrotor fallen die bei-den kräftigen Blattgriffe auf. Ge-genüber dem Zweiblatt-Heckrotor sind eine gepfeilte Seitenflosse sowie die waagerechte Flosse angeschlos-sen.

Das Landegestell besteht aus zwei geschwungenen Querholmen und Ku-fen. Der MK 3 ist der erste Hubschrau-ber mit Dieselantrieb.

Dreisitzer unter 1.200 kg Abfluggewicht geschaffen. Die Betriebskosten sollen auf Jet-Fuel-Basis gesenkt bleiben. Beim Rumpf und den Hauptrotorblät-

TECHNISCHE DATEN		
Leichthubschrauber		
Antrieb	ein Vierzylinder Dieselmotor SR 305	
		mit 230 PS
Höchstgeschwindigkeit		240 km/h
Reisegeschwindigkeit auf Meereshöhe		222 km/h
Leergewicht		700 kg
Abfluggewicht		1.182 kg
Dienstgipfelhöhe		4.572 m
Schwebeflughöhe	mit Bodeneinfluss	3.658 m
	ohne Bodeneffekt	2.124 m
Reichweite bei 200 km/h		787 km

MBB Bo-105

Mit diesem Projekt aus dem Anfang der 6oer-Jahre wurde der erste leichte Zweiturbinen-Hubschrauber geschaffen. Er weist mehrere Besonderheiten im Drehflüglerbau auf. Die vier Hauptrotorblätter sind aus Kunststoff gefertigt und gelenklos an einem aus Titan hergestellten starren Rotorkopf angeschlossen, wobei pro Blatt jeweils nur ein Drehlager für die Blattverstellung dient. Der Hubschrauber ist dadurch sehr wendig und in entsprechender Konfiguration sogar für sämtliche Manöver des Kunstflugprogramms befähigt. Der 105 ist Gewinner der Akrobatik- Weltmeisterschaft für Hubschrauber.

Neben den Großaufträgen für Fliegende militärische Einheiten in verschiedenen Ländern ist der 105 mit seinen zivilen Varianten in der ganzen Welt eingesetzt. Sein Spektrum umfasst Rettungs-, Ambulanzflüge, Offshore-Einsätze wie Ölplattformversorgung, Lotsenzubringer-, Bergrettungs-, Polizei- und Patroullienflüge,

Der Erstflug des ersten Prototyps fand im Februar 1967 statt. Dieser flog mit dem Rotor eines Westland „Scout", der Zweite mit dem Starr-Rotor von Bölkow.

Es gab verschiedene Denkanstöße, auf bestimmte Art die notwendigen Schlag- und Schwenkgelenke besonders bei mehrblätterigen Rotoren zu ersetzen. Da bei Aufnahme von Fahrt durch die unterschiedliche Auftriebsverteilung der Hubschrauber eine Rollbewegung einleitet, musste diese Tendenz schon anfangs der Hubschraubergeschichte nach vielen Versuchen durch Schlaggelenke ausgeglichen bzw. vermieden werden. Die Schlagbewegung der Rotorblätter verursacht wiederum aufgrund der Verkürzung einen sog. Pirouetteneffekt und bewirkt eine Schwenkbewegung entlang der Drehebene. Diese Tendenz erfordert zudem Dämpferelemente. Die Überlegungen bei MBB, wie die konstruktive Vereinfachung erreicht werden kann, resultierten in Versuchen mit Kunststoffblättern, die an einem starren Rotorkopf befestigt sind. Dieser ist aus einem Stück aus Titan geformt und hat seine Form beibehalten, so wie er auch im BK-117 verwendet wird.

Die aus glasfaserverstärktem Kunststoff gefertigten Blätter besitzen außerhalb des Wurzelbereichs eine flugange-

TECHNISCHE DATEN		
Triebwerke	2 Gasturbinen Allison 250 C-20B	
	mit je 420 Wellen-PS	
Höchstgeschwindigkeit		270 km/h
Leergewicht		1.300 kg
Abfluggewicht		2.500 kg
Reichweite		650 km
Max. Flugdauer mit Zusatztanks		6,5 Std
Schwebeflughöhe	mit Bodeneinfluss	2.715 m
	ohne Bodeneffekt	1.735 m
Dienstgipfelhöhe		5.180 m
Schrägsteigvermögen		7 m/s
	einmotorig	2,5 m/s
Rotordurchmesser		9,84 m
Rumpflänge		8,80 m
Höhe		2,98 m
Rotorkreisflächenbelastung		33,0 kg/qm
Zuladung		Pilot plus 4 Personen

Der Bo 105 bewährt sich noch ständig in weltweitem Einsatz.

passte Steifigkeit und in wenig Abstand von dem Anschluss am Rotorkopf im Bereich der Profilverjüngung soviel Flexibilität, dass diese Partien als Quasi- Schlag- und Schwenkgelenke fungieren.

Das einzige Drehgelenk pro Blatt ermöglicht lediglich die Einstellwinkelverstellung. Später – beim EC 135 – wurde dieses Lager durch flexible Elemente im Blattwurzelbereich substituiert.

Die durch Stoßstangen übertragene Steuerungsanlage wird durch eine doppelte Hydraulikunterstützung abgesichert. Optisch hat sich die Grundform des 105 bis in die Gegenwart kaum verändert. Der Heckausleger erhielt einen horizontalen Stabilisator mit Endscheiben und das „Krokodilheck" eine aero-dynamische Stolperkante zur Optimierung der Strömungsverhältnisse am Rumpf.

Die beiden Triebwerke sind oberhalb der Kabine in der Rumpfkontur untergebracht, wodurch viel Raum gewonnen wurde. Das Hauptgetriebe steht vor den beiden Allison- Turbinen, welche durch ihre relativ kurzen Längenmaße vor dem Brandschott genügend Raum für Hydraulik- und Steuerungsmodule bieten. Der in kleinem Querschnitt gehaltene Heckausleger ist nach oben gekröpft und trägt am oberen Ende den halbstarren GFK-Heckrotor, bestehend aus zwei Blättern.

Mit zwei Triebwerken ist der Bo 105 auch über Wasser sicher.

Der BK 117 wurde in zweijähriger Zusammenarbeit von MBB und Kawasaki entwickelt. Die von den Firmen selbst konstruierten Baugruppen werden von ihnen in Serie hergestellt, die Fertigmontage erfolgt jeweils in den entsprechenden Hersteller-Ländern. Der 117 verfügt über Komponenten wie der 105 – in Form von Kunststoff-Hauptrotorblättern, die gelenklos am starren Titanrotorkopf anschließen. Der Heckrotor besteht ebenfalls aus GFK. Der geräumige Rumpf schließt mit einem „Krokodilheck" ab, welches durch zwei Türen zugänglich ist. Darüber setzt der röhrenförmige, gekröpfte Heckausleger mit Zweiblatt-Heckrotor an.

Auffällig sind die beiden großdimensionierten Vertikalflossen, die gra-

TECHNISCHE DATEN		
Mehrzweckhubschrauber		
Triebwerke	2 Textron Lycoming LTS 101	
	750B-1 Gasturbinen mit je 592 WPS oder	
	auch Turbomeca Arriel 1-E mit je 660 WPS	
Höchstgeschwindigkeit auf Meereshöhe 280 km/h		
Schrägsteigvermögen		9,7 m/s
Schwebeflughöhe	mit Bodeneinfluss	2.925 m
	ohne Bodeneffekt	2.280 m
Reichweite mit Standardtanks		750 km
Leergewicht		1.725 kg
max. Abfluggewicht		3200 kg
Zuladung		8 bis 10 Personen
Höchstnutzlast		1.500 kg
Rotordurchmesser		11,00 m
Rumpflänge		9,90 m
Höhe		3,35 m
Rotorkreisflächenbelastung		33,69 kg/qm

vierend in bestimmtem Winkel seitlich ausgestellt sind.

Damit entlasten die beiden Flächen bei Vorwärtsfahrt den Heckrotor, dessen Leistungsüberschuss dann dem Gesamtsystem zugute kommt. Außerdem kann bei Versagen des Heckrotors teilweise unter bestimmten Beladebedingungen und günstiger Fahrt-/Leis-

tungs-Konstellation ein Geradeausflug beibehalten werden,

Der BK 117 ist mit Kufenlandewerk ausgestattet, welches sich bei Landungen in unwegsamem Gelände besser eignet als ein Radfahrwerk, besonders auf geneigten Flächen. Hier darf jedoch ein bestimmtes Maß von Rotormast-Biegemoment nicht überschritten wer-

Der BK 117 ist aus dem Einsatzbereich Ambulanz und Polizei nicht mehr wegzudenken. Das Farbdesign stammt von Walter Maurer.

den, ein Parameter der starren Rotorsysteme. Sein Einsatzspektrum umfasst: Rettungseinsätze, Ambulanzflüge, Polizeiaufgaben, Personentransport und VIP-Flüge.

Mil Mi-12

Seit seinem Erstflug 1969 gilt der Mi-12 als schwerster Hubschrauber, der auch mehrere Weltrekorde aufstellen konnte wie z. B. mit 40.200 kg Nutzlast auf 2.250 m Höhe zu steigen.

Hier wurde das „Side-by-Side"-Tandemrotorprinzip in bisher größtem Ausmaß verwirklicht.

Die um wenige Meter ineinander kämmenden Fünfblatt-Rotoren drehen gegenläufig. Sie sind aus Metall gefertigt.

Der Drehflüglergigant Mi-12 stellt nicht nur kleinere Flugzeuge in den Schatten. Seine Rotorkreise spannen über 67 Meter. Er ist der Welt größter und schwerster Hubschrauber.

TECHNISCHE DATEN	
Schwerer Transporthubschrauber	
Antrieb	4 Solowiew D-25 VF Gasturbinen mit je 6.500 WPS Leistung
Höchstgeschwindigkeit	260 km/h
Reisegeschwindigkeit	240 km/h
max. Abfluggewicht	105.000 kg
norm. Abfluggewicht	97.000 kg
Dienstgipfelhöhe	3.500 m
Reichweite	500 km
Rotordurchmesser	je 35 m
Distanz zwischen äußeren Rotorblattspitzen	67 m
Rotorkreisflächenbelastung	je 54,5 kg/qm max.
Rumpflänge	37 m
Höhe	12,5 m
Laderaum	ca. 358 Kubikmeter
Nutzlast als Senkrechtstarter (VTOL)	25.000 kg
als Kurzstarter (STOL)	30.000 kg, d. h. Rollstart, bis Übergangsauftrieb einsetzt

Ihre Naben sind am Ende der Schulterdecker-Tragflächen angeschlossen, wo sie von ebenfalls dort montierten jeweils zwei Turbinen angetrieben werden. In den Tragflächen, die sich zum Rumpf hin stark verjüngen, lagern Verbindungswellen, die beide Hauptrotoren synchron verbinden und im Falle von einseitigem Triebwerksausfall konstante Rotation beider Rotoren beibehalten. Der rechte Rotor dreht im Uhr-

zeigersinn, der linke dagegen. Die beiden Tragflügel sind mehrfach verstrebt, manche Abbildungen zeigen Landeklappen an deren Endkanten.

Der in Halbschalenbauweise fabrizierte Flugzeug-ähnliche Rumpf birgt in der Bugspitze ein über den Laderaum erhöhtes Cockpit. Das Rumpfende weist ein konventionelles Leitwerk mit einwärts zeigenden Endscheiben auf. Das feste Dreibeinfahrwerk mit Bugrad zeigt Zwillingsbereifung. Beiderseits des Rumpfes hängt je ein zylindrischer Kraftstofftank.

Der Rumpf ist außer durch seitliche Türen auch über zwei den Rumpfquerschnitt messende Heckklappen zugänglich. In anderer Version wurden bis zu 250 Passagiere als geplante Zuladung angenommen. Wegen nicht bewältigter technischer Probleme ging der Mi-12 nie in Serienfertigung.

Mil Mi-17

Der Mi-17 kann rasch vom Personentransporter für 36 Passagiere in einen Ambulanzhubschrauber mit 12 Liegen verwandelt werden. Die V5-Version kann mit offener Heckrampe und überlanger Last fliegen. Die Außenlastschlinge hält vier Tonnen. Mit 915l-Zusatztank kann die Reichweite auf 1.600 km ausgedehnt werden. Die Außenwinde kann mit 350 oder 150 kg operieren.

Der 172 VIP ist für VIP-Flüge entsprechend ausgestattet und für sieben bis elf Personen entworfen. Für Notfälle über Wasser ist ein „Emergency Floatation System" eingerichtet.

Die entwicklungstechnische Herkunft des Mi-17 vom in großen Stückzahlen produzierten Mi-8 ist unverkennbar.

TECHNISCHE DATEN		
Mehrzweckhubschrauber		
Triebwerke	2 Klimow TV3-117 VM Gasturbinen	
	mit je 2.200 WPS	
Höchstgeschwindigkeit	250 km/h	
Reisegeschwindigkeit	230 km/h	
Abfluggewicht	13.000 kg	
Leergewicht	8.500 kg	
Reichweite	715 km	
Dienstgipfelhöhe	6.000 m	
Schwebeflughöhe ohne Bodeneffekt	3.980 m	
max. Innenlast	4.000 kg	
Rotordurchmesser	21,29 m	
Rumpflänge	19,0 m	
Höhe inkl. Rotorkopf	4,70 m	
Rotorkreisflächenbelastung	36,5 kg/qm	
Zuladung	2 Piloten und bis 36 Personen	

Der 17V-5 kann ebenso Radfahrzeuge im 23 Kubikmeter geräumigen Frachtraum transportieren.

Das Design des Mi-17 erinnert an den Mi-8, der Hubschrauber ist jedoch vollkommen neu konstruiert.

Die Seitenansicht zeigt Cockpit und Frachtkabine bis zum Krokodilheck in einem Bauteil, während die Triebwerke, Hauptgetriebe und der runde, stark

verjüngte Heckausleger eine aufgesetzte Einheit bilden. Die Turbinen sind in ganzer Länge vor dem Rotorkopf montiert. Der Fünfblatt-Hauptrotor dreht „russisch" im Uhrzeigersinn. Das aufwärts geknickte Heckende hebt den Dreiblatt-Heckrotor bei Fahrt weit aus dem Einfluss des Hauptrotorstrahls. Vor dem Knick ist beiderseits die Höhenflosse angebracht.

Das feste Hauptfahrwerk ist hinter dem Schwerpunkt seitlich am Rumpf angeschlossen. Eine der drei Streben führt durch eine Aussparung der Außentanks. Das Bugrad ist zwillingsbereift.

Für Patrouillenflüge stehen FLIR Surveillance System, Searchlight mit Infrarotfilter sowie Night Vision Devices zu Verfügung.

Mil Mi-26

Seit seinem Erstflug im September 1977 ist der Mi-26 der größte und stärkste Serien-Helikopter der Welt. Mit einem Kabinenvolumen von fast 120 Kubikmetern ist er prädestiniert für Transporte in unzugängliches Gebiet wie z. B. bei Versorgungsflügen in Katastropheneinsätzen. Der wahre Gigant unter den Drehflüglern ist nach dem bewährten Konstruktionsprinzip von Schwerlasthubschraubern gebaut.

Auf dem flugzeugähnlichen großvolumigen Rumpf ist die Antriebseinheit aufgesetzt. Ein schwergewichtiger Rotorkopf trägt die acht rechteckigen Hauptrotorblätter. Beim Design eines Rotors auch dieser Dimension dürfen die Blattenden einerseits nicht zu weit in die hohe Unterschallströmung gelangen und andererseits die inneren Blattbereiche nicht zu langsam angeströmt werden. Die Betriebsdrehzahl muss außerdem genügend Zentrifugalkraft zum Strecken der Blätter aufbringen. Die Blattwurzeln beginnen relativ nahe am Rotorkopf.

Der Rumpf ist durch seitliche Türen oder durch die Heckladerampe zugänglich. Am Krokodilheck läuft der Rumpfrücken als Heckausleger weiter und endet in einer gepfeilten Vertikalflosse. Diese trägt das Getriebe mit dem Fünfblatt-Heckrotor, dessen Durchmesser fast jenem des Hauptrotors des Robinson R-22 gleicht. Die horizontale Stabilisierungsflosse ist im Knick des Heckauslegers platziert.

Das Bugradfahrwerk ist fest verstrebt und besteht aus drei Zwillingsreifen.

Für Allwettereinsätze sowie Tag- und Nacht ist der Mi-26 entsprechend ausgerüstet. Hinzu kommen Anti-Icing-Anlage für Triebwerklufteinlässe, Front-Verglasung und sogar die Rotorblätter.

Dieser Helikopter ist für den Einsatz in verschiedenen Klimazonen konzipiert. Der Rotor ist der erste der Welt mit acht Blättern. Im Rotorkopf wurde Titan verwendet, um die hier angreifenden Kräfte wie auch Schlag- und Schwenkbewegungen aufzunehmen. Bei geringer Drehzahl wie im Stand muss auch die abwärtige Bewegung der effektiv etwa 15 m langen Blätter begrenzt werden.

TECHNISCHE DATEN

Schwerer Transporthubschrauber	
Antrieb	2 Gasturbinen Lotarev D-136 Progress von je 11.400 WPS Leistung
Höchstgeschwindigkeit	295 km/h
Reisegeschwindigkeit	255 km/h
Reichweite	max. 800 km
Rotorkreisflächenbelastung	69,66 kg/qm
Rotordurchmesser	32,00 m
Länge inkl. Rotor	40,00 m
Höhe inkl. Rotorkopf	8,15 m
Durchmesser Heckrotor	7,60 m
Zuladung	Crew 5 plus 80 Personen oder 20.000 kg Fracht

Die gewaltigen Ausmaße des Mi-26 verdeutlicht ein Vergleich mit der 1,82 m großen Person an der Bordwand.

Der Dimensionen des Mi-26 wird man erst beim Näherkommen bewusst.
Sein Heckrotor entspricht etwa dem Hauptrotor des R-22!

Das Cockpit des Mi-26 birgt mehrere Arbeitsplätze und ähnelt dem Arbeitsumfang von Airlinern früherer Jahre.

Der Mi-38 ist als Ersatz für den Mi-17 geplant und verkörpert die Zusammenarbeit unter Euromil Joint Ventures mit anderen Firmen. Der Entwurf stammt von Mil Moscow Helicopter Plant, die Produktion übernimmt Kazan Helicopters.

Eurocopter stattet den Mi-38 mit moderner Navigationsanlage aus und P&W Canada liefert die Triebwerke.

Der 38 ist ein klassischer „Single-Rotor-Helikopter" mit sechs Blättern, die aus Karbon-Fiberglas-Technologie hergestellt sind. Durch Verbesserung der Blattprofile wurde der Rotorschub um 6 % erhöht. Beim Rotorkopf werden Titan und elastische „Rubber-Steel"-Lager verwendet. Der Heckrotor besteht aus vier Blättern, die in X-Form zueinender stehen. Dadurch verbes-

TECHNISCHE DATEN	
Mehrzweckhubschrauber	
Antrieb	2 Pratt & Whitney PW127T/S mit je 2900 WPS
Höchstgeschwindigkeit	285 km/h
Reisegeschwindigkeit	275 km/h
Abfluggewicht	15.600 kg
Reichweite	885 km
Dienstgipfelhöhe	5.100 m
Schwebeflughöhe ohne Bodeneffekt	2.800 m
Rotorkreisflächenbelastung	44,6 kg/qm
Rotordurchmesser	21,10 m
Rumpflänge	19,95 m
Höhe inkl. Rotorkopf	5,20 m
max. Innenlast	5.000 kg
max. externe Last	7.000 kg
Zuladung	2 Piloten plus bis zu 30 Personen

sert sich die Steuerbarkeit und der Geräuschpegel wird gesenkt.

Im Vergleich zum Mi-17 wirkt der Mi-38 kompakter. Die vertikale Flosse ist wesentlich vergrößert, der gesamte

Rumpf zeigt sich aerodynamisch günstiger. Der Widerstand des starren Bugradfahrwerks wird in der Größenordnung dieses Hubschraubers in Kauf genommen.

Den Mi-38 prägen viele bewährte Elemente und die Konstruktionslinien seiner Vorfahren.

Mitsubishi MH 2000

Durch reichliche Erfahrung im Lizenzbau schwerer Hubschrauber hat die Firma Mitsubishi Heavy Industries MHI die Entwicklung eines eigenen kommerziellen 10-Sitzers begonnen, der im Sektor eines Viertonners den Bedarf an Zubringern und Offshore-Versorgern im Küstenbereich Japans und auch international decken soll.

Vor dem Flug der beiden ersten Prototypen im Juli 1996 flog ein Versuchsträger mit der Bezeichnung KP 1. Dieser besaß noch einen freien Heckrotor auf einer Vertikalflosse. Insgesamt deutete diese Maschine keineswegs auf den MH 2000 hin.

Bei diesem Typ handelt es sich um einen ausschließlich in Japan konstruierten und gebauten Hubschrauber dieser Klasse. Die Zertifizierung durch die japanische Luftfahrtbehörde erfolgte im September 1999.

Der durchgehend keulenförmige Rumpf erweckt durch das Konzept der Cockpitverglasung und die großen Kabinenfenster sowie durch sein Kufengestell nicht den Eindruck seiner wirklichen Abmessungen. Erst der Vergleich mit den an Bord befindlichen sichtbaren Personen zeigt die Mächtigkeit des Entwurfs. Hinter den beiden Piloten können noch 10 Passagiere transpor-

mig abschließenden Öffnung der oberen Getriebeabdeckung, so dass nur die Blattanschlüsse frei sind. Die Kunststoff-Blätter sind konstant rechteckig, die Enden sind trapezartig verjüngt.

Das Rumpfende bzw. der Heckausleger ist dem des Dauphin sehr ähnlich. Der Fenestron dreht innerhalb des dicken Flossenprofils. Der obere schlanke Teil des Fins wurde nach rechts versetzt zur Unterstützung des Drehmomentausgleichs. In die gleiche Richtung weisen die beiden auf der horizontalen Stabilisierungsflosse befestigten Endscheiben. Den Antrieb liefern zwei Gasturbinen MG5-110, die speziell für den MH 2000 entwickelt wurden. Pate stand ein Triebwerk, das sich bereits in einem anderen Hubschrauber bewährte. Während für die Turbine MG5-100 noch 800 Wellen-PS angegeben werden, stehen für die MG5-110 -Version je 876 WPS zur Verfügung.

tiert, bei geplanter High-density-Bestuhlung sogar 12 untergebracht werden. Zur Komfort-Erhöhung und zur inneren Geräuschminderung sind die beiden Triebwerke und das Hauptgetriebe hinter dem Kabinenabschnitt untergebracht. Die insgesamt abgerundete Verkleidung des Rumpfrückens erstreckt sich vom Cockpitdach bis weit hinter die Triebwerksauslassöffnungen. Seitliche Schiebetüren deuten auch auf die Möglichkeit von Innenlast-Kapazität hin.

Der Vierblatt-Hauptrotor dreht entgegen dem Uhrzeigersinn. Der Rotorkopf dreht knapp über einer kragenför-

TECHNISCHE DATEN		
Mehrzweckhubschrauber		
Antrieb	2 Mitsubishi MG5 -100 Gasturbinen	
		mit je 875 WPS
Reisegeschwindigkeit		260 km/h
Abfluggewicht		4.500 kg
Reichweite		750 km
Dienstgipfelhöhe		4.570 m
Schwebeflughöhe	mit Bodeneinfluss 2.350 m	
Zuladung	2 Piloten plus 7 bis 12 Personen	
max. Zuladung		2.000 kg

PZL Swidnik SW-4

Der Erstflug dieses polnischen Modells erfolgte im Oktober 1996, drei Jahre später die Zulassung.

Der Rumpf geht keulenförmig in den Heckteil über. Die Turbine ist innerhalb des Rumpfstraks in einem Höcker untergebracht Am Rumpfende ist ein vertikaler haifischflossenförmiger Stabilisator angebracht, ebenso eine horizontale Stabilisierungsfläche mit Endscheiben. Der Zweiblatt-Heckrotor wirkt als schiebender Ausgleichsrotor.

Der Dreiblatt-Hauptrotor ist aus Verbundwerkstoffen hergestellt, so auch der Heckrotor. Die Hauptrotorblätter sind rechteckig und deren Enden verjüngen zur Widerstandsverringerung trapezförmig.

TECHNISCHE DATEN		
Leichter Mehrzweckhubschrauber		
Antrieb	Eine Allison250 -C2oR Gasturbine	
	von 475 Wellen-PS	
Höchstgeschwindigkeit		288 km/h
Reisegeschwindigkeit		230 km/h
Leergewicht		850 kg
Abfluggewicht		1.700 kg
Gipfelhöhe		7.000 m
Schwebeflughöhe	mit Bodeneffekt	3.500 m
max. Schrägsteigvermögen		11 m/s
Reichweite		750 km
Rotorkreisflächenbelastung		26,7 kg
Rotordurchmesser		9,10 m
Rumpflänge		8,25 m
Höhe		2,95 m
Zuladung	Pilot plus 4 Passagiere	
interne Nutzlast		400 kg
externe Nutzlast		600 kg

Auch der Rumpf besteht zu einem Fünftel aus Kunststoffen, um das Leergewicht zu senken. Die Kabinenverglasung ist großzügig gehalten und unterstützt die Mehrzwecktauglichkeit.

Das Kufenlandegestell ist einfach ausgelegt. Neben der abgestrebten

Version mit Holmen existiert auch eine Variante mit freien Schwingen.

Der SW-4 kann nach IFR geflogen werden. Neben Patrouillenaufgaben und für Ambulanzzwecke ist auch an einen Militärtrainer gedacht.

Optional wird auch der Einbau der Pratt & Whitney PW 206 mit 615 Wellen-

Kaum noch von westlichen Mustern zu unterscheiden – und mit erstaunlichen Leistungen: Der SW-4.

PS erwogen. Auch wird die Installation einer zweiten Turbine mit notwendiger Anpassung der dynamischen Komponenten geplant.

Die Ähnlichkeit des Sokol mit dem russischen Mi-2 ist unverkennbar. Dies ist in der jahrelangen Lizenzübertragung an die polnischen Luftfahrzeugwerke begründet. Zunächst wurden knapp 3.000 Exemplare des Mi-1 gebaut, woraus WSK-PZL den SM-2 entwickelte. Neben vergrößerter Kabine sind Haupt- und Heckrotor mit Enteisungsanlagen versehen worden. Auch

In polnischen Produktionsstätten entstand die Ableitung des Mi-2: der PZL W-3.

zwei hoch über der Kabine untergebrachten Turbinen, zwischen denen das Hauptgetriebe für den vierblättrigen Hauptrotor sitzt. Der gekröpfte Heckausleger läuft in eine gepfeilte Seitenflosse aus und trägt den dreiblätterigen Heckrotor.

Außer dem festen Bugradfahrwerk kann bei SAR-Einsätzen eine Notschwimmerausrüstung einen Verbleib auf der Wasseroberfläche ermöglichen.

TECHNISCHE DATEN

Mittelschwerer Mehrzweck- und Transporthubschrauber		
Antrieb	2 WSK-PZL Rzeszow TWD-10W Gasturbinen mit je 888 PS Wellenleistung	
Höchstgeschwindigkeit		270 km/h
Reisegeschwindigkeit		235 km/h
Leergewicht		3.630 kg
Abfluggewicht		6.400 kg
maximales Schrägsteigvermögen		8.5 m/s
Schwebeflughöhe	mit Bodeneinfluss	3.000 m
	ohne Bodeneffekt	2.100 m
Reichweite	mit Standardtanks	680 km
	mit Zusatztanks	1.150 km
Rotordurchmesser		15.70 m
Rumpflänge		14,20 m
Höhe mit Rotorkopf		4,20 m
Rotorkreisflächenbelastung		max. 33 kg/ qm
Beladekapazität	außer 2 Piloten 12 Passagiere, vier Patienten in Liegeposition plus Pfleger, oder 2.100 kg interne oder externe Last	

wurden 1979 westliche Turbinentriebwerke eingebaut.

In diesem Zeitraum wurde bei PZL auf der Basis des Mi-2 eine vergrößerte Version entworfen. Typisch sind die

Robinson R-22 Beta

D er kleine Zweisitzer ist aus der heutigen Hubschrauber-Fliegerei nicht mehr wegzudenken. Seine wirklich sehr einfache Konstruktion verbunden mit geringen Unterhaltskosten kam zunächst hauptsächlich auf dem amerikanischen Markt an. Der Verkauf der ersten 1.000 R-22 dauerte fast zehn Jahre , doch dann kam der Durchbruch und die folgenden 1.000 Exemplare waren in fast zwei Jahren vermarktet.

Vom Erstflug im September 1975 dauerte es vier Jahre bis zur Zulassung. An einigen, auch dynamischen, Komponenten wurden Änderungen vorgenommen. So auch hinsichtlich der Autorota-

Der Robinson R-22 erreichte respektable Verkaufszahlen und ist zu einem der ersten wirklich akzeptierten Kleinhubschrauber geworden.

TECHNISCHE DATEN

Antrieb	1 Lycoming O-320-B2C Kolbentriebwerk mit 131 PS Leistung
Höchstgeschwindigkeit	190 km/h
Reisegeschwindigkeit	178 km/h
Abfluggewicht	621 kg
Leergewicht	388 kg
Reichweite ohne Reserve	330 km
Maximales Schrägsteigvermögen	6,1 m/s
Dienstgipfelhöhe	4.265 m
Schwebeflughöhe mit Bodeneinfluss	2.125 m
Rotordurchmesser	7,67 m
Rumpflänge	6,30 m
Rotorkreisflächenbelastung	12,7 kg/qm
Besatzung	1 Pilot plus 1 Sitz
Hersteller	Robinson Helicopter Company Inc., Torrance, Kalifornien, USA

tionseigenschaften bezüglich der kinetischen Energie des Rotors. Hier liegt seine Stärke in der AR-Reichweite durch einen Gleitwinkel von 1:4, 6.

LEISTUNGSSTÄRKERE VARIANTEN

Bei den Mustern R-22 HP, Alpha und Beta handelt es sich um modifizierte und leistungsstärkere Typen. Der R-22 hat sich u. a. ein Image als Drehflügler für „fliegende Cowboys" erworben, da er auch zum Viehtrieb verwendet wird. Der Beta kann auch für Wasserlandungen mit Schwimmern ausgestattet werden. Beta II verfügt über ein Dutzend Prozent mehr Leistung in großer Höhe.

Die auffallend spartanische Konstruktion besteht aus einem geschweißten Stahlrohrgerüst, das die GFK-Kabine trägt. Auch der luftgekühlte Boxermotor, der entgegen der Flugrichtung innerhalb des Rohrkubus untergebracht ist, befindet sich im Rumpfstrak wie das darüber sitzende Hauptgetriebe. Keilriemen treiben die Heckrotorwelle an, die im konischen Alu-Rohr bis zum Heckrotor gelagert ist. Den hinteren Abschluss bilden eine vertikale und eine kurze horizontale starre Stabilisierungsflosse. Der Einzeltank befindet sich ebenfalls im Rücken der Kabine.

Der deutlich lange Hauptrotormast trägt über ein gemeinsames und zwei einzelne Schlaggelenke den relativ leichten Zweiblattrotor. Durch das Kufenlandegestell ist die Rotorebene hoch über dem Boden. Die Verglasung besteht aus zwei sphärisch gewölbten Frontscheiben, die für hervorragende Sicht sorgen, die seitlichen Türflächen sind auch bis zur Gürtellinie verglast.

Der Aspekt der totalen Vereinfachung machte auch nicht vor dem Doppelsteuer Halt: der mittige Zentralknüppel verteilt sich in Unterarmhöhe über ein Gelenk jeweils zum rechten und zum linken Sitz. Die unübliche Mimik trägt zuweilen – besonders bei „umsteigenden" Flächenpiloten – zu Eingewöhnungsschwierigkeiten bei.

Robinson R-44

Nach den Verkaufserfolgen des R-22 verlangte die logische Konsequenz nach einem mehrsitzigen Familienmitglied – dem viersitzigen R-44.

Die einfache Bauweise wurde wie bisher weiter verfolgt. Der „Teeter-Hinge"-Rotor wurde vom R-22 übernommen ebenso wie das Prinzip der anderen dynamischen Komponenten. Die wichtigsten davon weisen Wartungsintervalle bis 2.000 Stunden auf, was die Betriebskosten erheblich senkt. Die FAA-Zulassung erfolgte Ende 1992.

Der Rumpf mit der Viersitzkapazität wurde auf 9,07 m verlängert, das Heck ist baugleich mit der R-22-Ausführung. Die horizontale Unterbringung des luftgekühlten Boxermotors entspricht jener des R-22. Der R-44 ist einer der wenigen viersitzigen kolbenmotorgetriebenen

Der Robinson R-44 ist die viersitzige Version des R-22

TECHNISCHE DATEN

Antrieb	ein Lycoming O-540 Kolbentriebwerk mit 260 PS, reduziert auf 225 PS
Höchstgeschwindigkeit	225 km/h
Reisegeschwindigkeit	210 km/h
Abfluggewicht	1.088 kg
Leergewicht	635 kg
Reichweite inkl. Reserve	610 Km
Schrägsteigvermögen	max. 6,35 m/s
Schwebeflughöhe im Bodeneffekt	2.075 m
max. Flughöhe	4.265 m
Rotordurchmesser	10,06 m
Rotorkreisflächenbelastung	13,6 kg /qm
Besatzung	1 Pilot und drei Passagiere

Hubschrauber. Auch dies ist ein Grund für die mit turbinengetriebenen Drehflügler verglichenen halbierten Kosten.

Die Autorotationseigenschaften wurden gegenüber dem Modell R-44 deutlich verbessert, besonders in bezug auf

den Abfangvorgang durch Erhöhung der kinetischen Energie des Hauptrotors. Dies bedeutet einen wichtigen Vorteil während der Schulung.

Aufgrund der hohen Geschwindigkeit und den ausgezeichneten Sichtverhältnissen wird der Hubschrauber auch für Polizeieinsätze, Reise- und Rundflüge genutzt.

Am Boden fällt positiv auf, wie leicht der R-44 unterzubringen ist und wie mit ihm zu hantieren ist.

D er als speziell für militärische Zwecke entwickelte, anfangs H-34 genannte Helikopter flog erstmals im März 1954. Er wurde in großen Stückzahlen gebaut und aufgrund seiner Robustheit und Zuverlässigkeit gerne geflogen. So wurde er auch von vielen kommerziellen Haltern eingesetzt.

Der S-58 wurde in typischer Flugzeugbaumanier in Ganzmetall-Schalenbauweise hergestellt. Der aufklappbare Bug birgt einen vorwärts geneigten Sternmotor mit fast 30 Litern Hubraum. Die Antriebswelle verläuft schräg zwischen den Pilotensitzen zum Hauptgetriebe, das den voll gelenkigen Vierblattrotor trägt. Die Hohlräume der Blattprofile sind mit Stickstoff gefüllt,

so dass nach der „BIM" Haarrisse frühzeitig angezeigt werden. Das übermäßige Durchhängen der Rotorblätter bei geringer Drehzahl wird durch Schlagbegrenzer verhindert. Der Rumpf verjüngt hinter der Kabine etwa hochoval und geht hinter dem Spornrad in einen vertikalen, gepfeilten Pylon über. Im oberen Verkleidungstropfen wirkt das Umlenkgetriebe für den Vierblattheckrotor mit Schlaggelenken. Im Rumpfknick sitzt der starre horizontale Stabilizer.

TECHNISCHE DATEN

Mittlerer Mehrzweckhubschrauber	
Antrieb	ein Sternmotor Wright R -1860, 9-Zylinder, 1525 PS bei 2800 ERPM
Höchstgeschwindigkeit	198 km/h
Reisegeschwindigkeit	158 km/h
Abfluggewicht	6.180 kg
Reichweite	640 km
Schrägsteigvermögen bei 4080 kg	11,8 m/s
Dienstgipfelhöhe	3.800 m
Max. Schwebeflughöhe	
bei max. Abfluggewicht im Bodeneffekt	1.220 m
bei 5.480 kg und außerhalb Bodeneffekt	1.460 m
Max. Flugdauer	5Std 40 min
Rotorkreisflächenbelastung	27,65 kg/qm
Rotordurchmesser	17,07 m
Rumpflänge	14,25 m
Länge über alles	18,70 m
Rüstgewicht	3.760 kg

DAS INNERE DES S-58

Unterhalb der beiden Pilotensitze dehnt sich die Kabine aus und bietet bis zu 12 Personen Platz. Die ausklapp-

Das Instrument Panel des Sikorsky S-58 verlangte nach optimierter Beobachtungstechnik

bare Treppe erleichtert Ein- und Aus-stieg, darüber war die für SAR-Einsätze gedachte Seilwinde. Unter dem Rumpf konnte ein Außenlastgeschirr bis zu 2.270 kg belastet werden. Der Kabinen-boden fasste in drei Zellen 1.000 Liter.

Der Rumpf ist hinter dem Spornrad beiklappbar und die Rotorblätter kön-nen an den Gelenken gefaltet werden.

Die beiden Räder des Hauptfahr-werks wurden bei der späteren G III mit-tels V-Strebe geführt.

Diese Variante war IFR-ausgestattet, die Fluglage konnte durch ein ASE-Ele-ment stabilisiert werden (Automatic Stabilization Equipment) und die Pilo-ten entlasten.

Die in der Abbildung gezeigte Versi-on ist einer der letzten noch mit Origi-nal-Kolbentriebwerk fliegenden S-58. Er wird noch gelegentlich in Südwest-deutschland bei Meravo eingesetzt. Davor wurde dieser S-58 in New York, bei der Sabena und privat im belgi-schen Königshaus betrieben.

Die von Westland in Lizenz gebauten H-34 wurden auch mit einer Rolls Royce „Twin-Pack"-Turbine ausgerüstet. Be-kannt sind die verschiedenen Anord-nungen der Aggregate und die damit verbundenen Probleme der Luftzufüh-rungen im Bugbereich des „Wessex".

Ab 1972 wurde bei Sikorsky die S-58 mit einer Pratt & Whitney Twin-Pack-Tur-bine PT6T-3 mit 1.875 WPS ausgestattet.

Dieser S-58 ist eines der letzten noch fliegenden Exemplare mit Original 9-Zylinder-Sternmotor.

D er Prototyp des S-61 flog erstmals im März 1959 mit der Bezeichnung SH-3A und war als Nachfolgemuster des Sikorsky S-58U vorgesehen. Der S-61 wird oft mit dem S-62 auf eine Stufe gestellt, obwohl letzterer fast ein Jahr früher flog und nur 40 % des Abfluggewichts des S-61 aufweist. In dem S-62 werden Komponenten des S-55 verwendet, er wird von einer Gasturbine GE T-58-GE-6 mit 1.050 WPS angetrieben. Der gelenkige Hauptrotor besteht aus drei Blättern, der Heckrotor zunächst aus zwei, später vier Blättern.

Wie der S-62 erhielt der zweiturbinige S-61 einen bootsförmigen Rumpf, der vor dem Heckausleger kielartig ausläuft. Seitlich ist je ein tropfenähnlicher Stützschwimmer angebracht. Jene nehmen das Hauptfahrwerk auf. Das Sporn-

Der Sikorsky S-61 fliegt noch in vielen Variationen. Nicht nur Schiffsbrüchigen ist er auch heute noch ein prägnanter Hubschrauber.

TECHNISCHE DATEN

Amphibischer Transport- und Rettungshubschrauber	
Triebwerke	2 General Electric T58-GE-10 Gasturbinen mit je 1.400 WPS
Höchstgeschwindigkeit	260 km/h
Reisegeschwindigkeit	220 km/h
Abfluggewicht	9.750 kg
Leergewicht	5.380 kg
Rotorkreisflächenbelastung	34,70 kg/qm
Reichweite	1.050 km
Rotordurchmesser	18,90 m
Rumpflänge	16,70 m

rad schließt das Kielende ab. Die zwei Turbinentriebwerke sind über dem Kabinendach installiert. In dem zweckmäßig verkleideten Aufbau ist das Hauptgetriebe untergebracht, der gelenkige Fünfblattrotor dreht dicht darüber. Der Heckausleger ist mit seinem hochovalen Querschnitt am Ende in einen stark gepfeilten Pylon auslaufend, an dem der Fünfblattheckrotor das Drehmoment ausgleicht. Am oberen Ende ist gegenüber dem Heckrotor die horizontale Stabilisierungsflosse montiert.

Durch die Schwimmfähigkeit ist die Aufnahme zu Rettender einfacher, auch

über eine Winde lassen sich Lasten seitlich einholen, wenn eine Landung durch die Schiffsaufbauten unmöglich ist.

VARIANTEN DES S-61

Die Entwicklungs- und Verwendungsgeschichte des S-61 erbrachte viele Varianten. Er wurde von verschiedenen Triebwerken bewegt, der Rumpf wurde vergrößert und bekam durch Heckänderung eine Laderampe, die Stützschwimmer gingen direkt in den Rumpf über und die Modifikation ergab auch das Bugradfahrwerk. Durch Verkleinerung des Rumpfes konnte die Nutzlast erhöht werden. Charakteristisch ist auch die Radarnase, die das typische Sikorsky-Cockpit mitprägt.

In bekannter Navy-Manier ist der Hauptrotor faltbar, das Rumpfende ist vor dem Knick beiklappbar. Auch wurde eine Version für reinen Überlandeinsatz mit starrem Fahrwerk kreiert. Neben Passagierzahlen von bis zu 28 besteht auch komfortables Platzangebot für VIP-Einsatz. Neben den Offshore-Einsätzen wie zu Bohrinseln ist der S-61 auch im militärischen Bereich sehr bewährt – als „Seaking"-Hubschrauber.

Auch er beweist das große Verwendungsspektrum der Hubschrauber: der S-61.

CARSON

N7011M

SHERIFF

Sikorsky S-64

Die erstmals im Mai 1962 als CH-64 geflogene, als „Skycrane" bekannte Version erreichte den Umfang von etwa 100 Auslieferungen, darunter auch an zivile Betreiber. Diese setzten den S-64 überwiegend für Transporte in schwierigem Gelände sowie bei Ölbohrungen ein.

Nach Ausmusterung durch die US Army wurden mehrere Maschinen von zivilen Käufern übernommen. Einige werden im Löscheinsatz verwendet, beispielsweise während der Brände in Kalifornien.

Wo er hinsprüht, bleibt nichts trocken.
Der S-64 als Bandbekämpfer

TECHNISCHE DATEN

Kategorie Schwerer Transporthubschrauber	
Antrieb	2 Pratt & Whitney JFT 12 -5A Gasturbinen von je 4.800 Wellen-PS (3580 kW)
Höchstgeschwindigkeit	200 km/h
Reisegeschwindigkeit	165 km/h
Abfluggewicht	19.000 kg
maximales Startgewicht des CH-54 B	29.340 kg
Schrägsteigvermögen	6,7 m/s
Dienstgipfelhöhe	3.950 m
Schwebeflughöhe mit Bodeneinfluss	3.200 m
ohne Bodeneffekt	2.100 m
Reichweite	370 km
max. Rotorkreisflächenbelastung	50,37 kg/ qm
Rotordurchmesser	21,95 m
Rumpflänge	21,40 m
Höhe mit Heckrotor	7,75 m
Rüstgewicht	8.700 kg
Zuladung	2 Piloten, Operateur und bis 9.000 l Löschwasser

Der Entwurf ist auf reine Zweckmäßigkeit ausgelegt. Der lange flache, kastenförmige Rumpf trägt das abgestufte Cockpit, das hinter den Piloten für den Beobachter ebenfalls rückwärtig verglast ist. Ein Bugrad stützt das Cockpit. Das Hauptfahrwerk ist weit ausladend und gibt Raum für Außenlast, die im Schwerpunkt aufgehängt wird. Dazu

zählen auch Container. Auf dem Rumpf-
längsträger sind vor dem Hauptgetriebe
die zwei Turbinen installiert. Auch die
Heckrotorwelle lagert hier.

Neben der Gewichtsparnis wegen
Verzicht auf Verkleidungen ist der war-
tungstechnisch günstige freiere Zugang zu diesen Komponenten vorteilhaft.

Das Heck ist nach oben gekröpft, um
den vierblätterigen Ausgleichsrotor auf
die Höhe des Hauptrotors zu setzen.
Am oberen Ende befindet sich ein Si-
korsky-typischer fester horizontaler
Stabilisator.

Der fünfblättrige Hauptrotor fällt
durch seine relativ langen Blattgriffe
auf.

Von(Rotor-) Kopf bis (Lande-) Fuß auf Leistung eingestellt ist der Himmelskran S-64 von Sikorsky.

Sikorsky S-65

Der S-65 gilt als die zivile Modifikation und ist eher bekannt in Tarnfarben als CH 53.

Der Erstflug der Militärversion fand im Oktober 1964 statt. Bei der Konstruktion wurden viele Komponenten des S-64 „Skycrane" verwendet, jedoch andere Triebwerke. Eine spätere Version, der „Sea Dragon", wurde mit einer dritten Turbine zum schwersten und stärksten Hubschrauber der westlichen Welt.

Der Rumpf ist über eine Heckrampe auch für Radfahrzeuge zugänglich, das

Seine wahre Größe kommt aus dieser Perspektive zur Geltung. dieses weitere Mitglied der Sikorsky-Familie verfügt nach starker Modifikation sogar über 13.140 WPS.

TECHNISCHE DATEN		
Schwerer Transporthubschrauber		
Triebwerke	2 General Electric T64-GE-413	
	Gasturbinen mit je 3925 WPS Leistung	
Höchstgeschwindigkeit		315 km/h
Reisegeschwindigkeit		280 km/h
Abfluggewicht		19.050 kg
Leergewicht		10.200 kg
Reichweite		415 km
Schrägsteigvermögen		11 m/s
Dienstgipfelhöhe		6.400 m
Schwebeflughöhe	mit Bodeneinfluss	4.080 m
	ohne Bodeneffekt	1.980 m
Rotorkreisflächenbelastung		50 kg/qm
Rotordurchmesser		22,02 m
Heckrotordurchmesser		4,88 m
Rumpflänge		20,47 m
Höhe gesamt		7,60 m

Kabinenvolumen misst 27 Kubikmeter. Die Turbinen sind seitlich des Rumpfdaches montiert, das Hauptgetriebe sitzt dazwischen.

Beim Sechsblatt-Hauptrotor wurde u. a. Titan verwendet. Dieser ist faltbar, das Rumpfheck beiklappbar. Der vierblätterige Heckrotor ist auf der linken Seite des Pylons als „schiebender"

Ausgleichsrotor aktiv. Bei der späteren Variante, dem dreimotorigen „Sea Stallion" mit Siebenblatt-Hauptrotor, ist der Heckpylon um 20 Grad nach links geneigt, die rechts montierte Höhenflosse ist ab der Strebe in die Waagerechte geknickt.

Seitlich des Rumpfes sind je ein Profilstummel, die im Vorderteil Tanks und im hinteren Segment die Hauptfahrwerksbeine aufnehmen. Das Bugrad wird unter dem Cockpit eingezogen.

Bei der Herstellung der Zelle wurde Aluminium, Stahl und Titan verwendet. Neben den zahlreichen Einsätzen in vielen Ländern wurde der S-65 als kommerzieller Inter-City-Transporter verwendet.

Trotz seiner großen Ausmaße ist der Sikorsky auch gut falt- und verstaubar.

Sikorsky S-70

Die unter der Bezeichnung S-60 bekannte Militärversion flog erstmalig im Oktober 1974. Der Konzeption lagen verschiedene Forderungen vonseiten der Streitkräfte zugrunde wie z. B. niedrige Kulisse und Transportmöglichkeiten von einem S-60 in der C-130 oder sechs S-60 in der C-5A Galaxy.

Neben dem Transport von Personen, Innen- und Außenlasten dient der Hubschrauber vielfach im Rettungseinsatz.

Die Zelle ist sehr robust gehalten. Die beiden Triebwerke sind über der Kabine relativ auf Distanz zueinander und hinterhalb des Rotormastes montiert. Die vier Blätter des Hauptrotors bestehen aus Titanholmen und Fiberglas-Elementen. Sie sind mit Elastomeric-Lagern am Rotorkopf angeschlossen. Die Blattenden sind positiv gepfeilt.

Der Rumpfrücken fällt hinter der Antriebseinheit steil bis zur Vertikalflosse

TECHNISCHE DATEN	
Mehrzweckhubschrauber	
Antrieb	2 General Electric 1700 GE-701C Gasturbinen mit je 1940 WPS
Höchstgeschwindigkeit	280 km/h
Abfluggewicht	9.980 kg
Leergewicht	5.650 kg
mit Externlast	10.400 kg
Dienstgipfelhöhe	5.800 m
Schwebeflughöhe ohne Bodeneinfluss	3.400 m
Reichweite	630 km
Rotordurchmesser	16,36 m
Rumpflänge	15,26 m
Höhe inkl. Rotorkopf	3,76 m
Rotorkreisflächenbelastung	47,5 kg/qm

ab. Der Vierblattheckrotor ist nach links geneigt, wodurch auch eine tragende Liftkomponente entsteht. In der Hinterkante des Pylons lagert die bewegliche Höhenflosse, die automatisch gesteuert wird. Sie wird den jeweils aerodynamischen Erfordernissen und Strömungsverhältnissen von Rotorstrahl und Einfluss der Fahrt gesteuert (bei früheren

Versionen war diese noch fest). Das nicht einziehbare Hauptfahrwerk besteht aus Schwingarm und Federbein. Das Spornrad war bei früheren Ausführungen in Sikorsky-Manier unter dem Heck, neuere Maschinen zeigen dieses kurz hinter der halben Rumpflänge.

Eine der zivilen Versionen sah die Beförderung von 20 Passagieren vor.

Schnelligkeit ist gefragt: Das Löschwasser wird über den Rüssel hochgesaugt.

Eine weitere Variante zeigt die Abbildung als Feuerlöschhubschrauber. Der Löschmittelbehälter ist unter dem Rumpf untergebracht. Ein Schlauch dient zur Aufnahme von Wasser.

Der S-70 beim Abwurf seiner Wasserladung. In der heißen Luftmasse über Brandflächen muss ein Hubschrauber über enorme Leistung verfügen.

Sikorsky S-76

er Erstflug des S-76C fand im Mai 1990 statt. Mit dem Entwurf des S-76 beabsichtigte Sikorsky den Einstieg mit einem Twin-Engine-Commercial-Hubschrauber in den zivilen Markt. Das breite Verwendungsspektrum reicht von militärische Versionen über SAR-Aufgaben bis zu VIP-Einsätzen. Er wird in Europa und in Fernost betrieben. Die Frachtmaschine ist mit verstärktem Boden und Schiebetür versehen. Mit dem vorgesehenen Einbau stärkerer Turbinen soll auch die Abflugmasse erhöht werden.

Der S-76 profitiert von einigen bewährten Komponenten des S-70 bzw.

Eine technisch wie aerodynamische und optische Bestlösung wurde mit dem S-76 Spirit erreicht.

TECHNISCHE DATEN	
Mehrzweck- und Transporthubschrauber	
Antrieb	2 Gasturbinen Pratt & Whitney Canada PT6B-36 A mit je 980 WPS oder Turbomeca Arriel 1S1 mit je 723 WPS
Höchstgeschwindigkeit in Meereshöhe	288 km/h
Reisegeschwindigkeit	270 km/h
Abfluggewicht	5.300 kg
Leergewicht	2.850 kg
Schrägsteigvermögen	7,5 m/s
Gipfelhöhe	3.500 m
Reichweite inkl. Reserve	680 km
Schwebeflughöhe im Bodeneffekt	1.550 m
max. Flughöhe mit einem Triebwerk	1.460 m
Rotorkreisflächenbelastung	max. 37,70 kg/qm
Rotordurchmesser	13,41 m
Rumpflänge	12,20 m
Höhe inkl. Heckrotor	4,40 m

S-60. So stellt der Vierblatt-Hauptrotor eine verkleinerte Version der bei diesen Sikorsky-Typen verwendeten Konstruktion dar.

In den Blättern sind Materialien wie Titan, Fiberglas und Honeycomb-Segmente verwendet. Jedes Blatt steht unter einem Gasdruck und im Fall eines strukturellen Schadens wird das Entweichen angezeigt. Der Anschluss am Rotorkopf funktioniert über Elastomer-Lager, Vibrations-Absorber dämpfen die Schwingungen bis zum Fixed-

Wing-Niveau. Der Rumpf ist aus Leicht-metall-Legierung in Schalenbauweise gefertigt.

Aus dem Rumpfende wächst ein Pylon, der links den Vierblatt-Heckrotor trägt. Beiderseits des Hecksteißes sind trapezförmige Horizontalflossen montiert.

Die Turbinen sind auf dem Rumpf-rücken untergebracht, Die Standard-kapazität sieht Kraftstoff von über 1.000 l vor. Extended Range Fuel Tanks sind optional.

Neben der Zwei-Mann-Crew bietet die Kabine Platz für 12 Passagiere, die in verschiedenen Sitzkonfigurationen bis hin zum „Office in der Luft" verän-derbar ist. Das Volumen beträgt ca. 5,5 Kubikmeter.

Das Bugradfahrwerk ist hydraulisch einziehbar. Am Cargo-Haken können 2.260 kg aufgenommen werden. Die Zelle kann mit solchen von wider-standsarmen Flächenflugzeugen ver-glichen werden. Die Instrumentierung repräsentiert die neuere Generation.

Sikorsky S-92 Helibus

Der S-92 war u. a. auch als Nachfolger des S-61 gedacht. Von seinen vier Erprobungsmustern startete das erste im Dezember 1998.

Das Design drängt den Vergleich mit dem CH-53 auf. Der Rumpf ist jedoch eine vollkommen neue Konstruktion und die dynamischen Komponenten wie Hauptrotor mit Rotorkopf und Heckrotor stammen vom S-70.

Die über 20 Kubikmeter fassende Kabine soll nicht nur in der VIP-Version Komfort bieten, sondern soll auch gewöhnlich dem eines Verkehrsflugzeugs entsprechen, besonders hinsichtlich Vibration und Geräuschpegel.

Das zwillingsbereifte Bugradfahrwerk ist einziehbar, die Haupträder ver-

TECHNISCHE DATEN	
Passagier- und Mehrzweckhubschrauber	
Antrieb	zwei General Electric CT7-8
	mit je 2.400 Wellen-PS Leistung
Höchstgeschwindigkeit	305 km/h
Reisegeschwindigkeit	280 km /h
Abfluggewicht mit interner Last	11.860 kg
Leergewicht	7.210 kg
Dienstgipfelhöhe	4.570 m
Schwebeflughöhe mit Bodeneinfluss	3.260 m
ohne Bodeneffekt	1.940 m
Reichweite mit 18 Passagieren	1.000 km
Rotorkreisflächenbelastung	55,4 kg/qm
(mit max. Externlast)	
Rotordurchmesser	17,17 m
Rumpflänge	17,30 m
Höhe	4,60 m
Besatzung	2 Piloten plus 19 bis 22 Passagiere
max. Außenlast	4.530 kg

schwinden in den seitlich des Rumpfes herausstehenden großen Profilkörpern. Diese sind häufig zur Aufnahme der Kraftstofftanks sowie für Fracht vorgesehen. In manchen Fällen können sie nach Notwasserung auch als Schwimmkörper dienen. Das „Krokodil"-Heck ist durch eine Laderampe zugänglich. Die beiden Gasturbinen ragen aus dem Strak des Rumpfrückens etwas heraus. In solcher Position lassen sich auch Installationen anderer Triebwerke ohne grundlegende Veränderungen der oberen Rumpfstruktur bewältigen. Die vier rechteckigen Blätter des Hauptrotors sind an den Enden gepfeilt und abwärts gebogen. (Siehe Q-Typs von Propellern).

Die Kabine ist vorne seitlich durch eine horizontal geteilte Tür zugänglich,

Der Helibus S-92 kann seine Herkunft von Sikorsky kaum verleugnen.

deren untere Hälfte ausgeformte Treppen hat. Das jeweils hintere der sieben Kabinenfenster ist im Notausstieg eingefasst. Die Cockpitverglasung besteht aus zwei Front- und Seitenscheiben. Darüber sind zwei „Eye-Brows"-Fenster ausgeschnitten. Für optimale Schrägsicht nach vorne unten sorgen große, sphärisch dem Rumpfbug angepasste Scheiben.

Auf dem Rumpfsteiß ist eine gepfeilte Seitenflosse aufgesetzt. hier ist auch die verstrebte Horizontalflosse auf der rechten Seite angeschlossen. Am oberen Ende des Fins sorgt in Sikorsky-Manier der leicht nach links geneigte Vierblatt-Heckrotor für den Drehmomentausgleich. Darnit wird außer dem

Momentausgleich und der Steuerung um die Hochachse eine vertikale Schub-Komponente erzeugt.

Im Cockpit wird neben der gebräuchlichen Avionik ein digitales Flight Control System geboten. Damit soll auch der stationäre Schwebeflug mit automatischer Steuerung ermöglicht werden.

Der S-92 ist für vielfältige Aufgaben einsetzbar. Neben einer militärischen Version soll er für Offshore-Flüge, SAR, zu VIP- und Commuter-Einsätzen dienen.

Die luxuriöse VIP-Ausführung fand bereits in den USA, in Fernost und in arabischen Ländern Interesse. Auch ist die Installation noch stärkerer Triebwerke geplant.

Schweizer 300 (früher: Hughes 269)

Der Schweizer 300 ist eher als Hughes 269 bekannt, denn als solcher entstand sein Prototyp, der als Zweisitzer erstmals im Oktober 1956 flog. Damals trieb ein 180 PS Lycoming die ersten Exemplare an. Bis 1970 blieben fast 800 als TH-55 bezeichnete Schulhubschrauber in der US Army im Einsatz.

1964 wurde die dreisitzige Version Hughes 300 angeboten, die dann 1969 durch den bekannten Hughes 300 C abgelöst wurde. Mit einem stärkeren Triebwerk und vergrößertem Durchmesser des Haupt- sowie des Heckrotors konnte die Nutzlast erhöht werden.

Beim 300 CQ (Quiet Tail Rotor) konnte der Lärm des Heckrotors beträchtlich gemindert werden.

Im Schulbetrieb sowie bei Fotoflügen wird der Hughes 269 – nun in der verbesserten Version als Schweizer 300 bezeichnet – weltweit erfolgreich eingesetzt.

TECHNISCHE DATEN

Dreisitziger Leichthubschrauber	
Antrieb	1 Lycoming HIO- 360-D1A
	Kolbentriebwerk mit 225 PS
Höchstgeschwindigkeit	169 km/h
Reisegeschwindigkeit	155 km/h
Abfluggewicht	975 kg
Leergewicht	500 kg
Reichweite	415 km
Rotorkreisflächenbelastung	max. 18.5 kg/qm
Rotordurchmesser	8,18 m
Rumpflänge	6,76 m
Besatzung	1 Pilot plus 2 Passagiere

Schweizer 300/Hughes 269

Der H 300 C wurde in Italien und in Japan in Lizenz gebaut. Mit der Übernahme von Hughes durch MDD begann die Agriculture-Aircraft-Firma Schweizer die Produktion des Typs 300.

Wenn auch während des Lebenslaufes des H-300 mehrere Details geändert wurden, so bleibt dennoch die sehr

einfache und klare Struktur des Hauses Howard Hughes dominant. Dieser Entwurf ermöglicht unkomplizierten Wartungszugang und einfaches Handling – nicht nur am Boden.

In der Luft ist der 300 C ein würdiger Nachfolger des berühmten Bell-47 als Schulhelikopter. Besonders in der Anfängerschulung vermittelt das Gerät die Besonderheiten des Drehflüglers und zeigt erstaunliche Toleranz gegenüber typischen Anfangsfehlern. Die ausgewogene Bedienbarkeit sämtlicher Steuerorgane bildet eine gute Voraussetzung für die Weiterschulung auf anderen Mustern.

Den „Kern" des 300 bildet ein Stahlrohrgerippe, auf dem die Kabine aufsitzt, deren sphärische Form gute Sicht erlaubt. Ein mehrfach verstrebtes Alu-Rohr nimmt die Heckrotorwelle auf und trägt den aufragenden fast horizontalen Stabilisator und darunter die Vertikalflosse. Der Zweiblatt-Heckrotor hat freien Abstrahl.

Der waagerecht eingebaute Lycoming treibt über Keilriemen Heckrotorwelle und Hauptgetriebe an. auf dem Getriebe ist ein hohes Hülsrohr angeflanscht, in dem der Hauptrotormast dreht. Der voll gelenkige Hauptrotor besteht aus drei rechteckigen Metallblättern. Im Rücken der Kabine sind Haupt- und Zusatztank angebracht. Die Lastaufnahme des Landegestells wird durch Traversen und Stoßdämpfer unterstützt. Auf der Kabine beruhigt ein „Vorflügel" bei Fahrt die Strömung in deren Lee. Die Autorotationseigenschaften werden in der Schulung besonders bei „scharfen" Übungen geschätzt.

Das Instrumentenbrett des Schweizer 300 erfordert gleichfalls Beachtung.

Schweizer 333

Auch als Einstiegsmuster auf Turbinenhubschrauber gedacht: Der 333 geht weit über die Bauweise des Vorgängers 300 hinaus.

Der 333 ist eine wesentlich verbesserte Version des 330. Dieser Vorgänger flog erstmals im Juni 1988. Bei höherem Abfluggewicht konnte die Leistung um ca. ein Viertel gesteigert werden. Es wurden viele Komponenten des Schweizer 300 übernommen, das Rotorsystem wurde allerdings nun aus Verbundwerkstoffen hergestellt. Die Geometrie der Hauptrotorblätter wurde in Rechteckform beibehalten. Gegenüber dem Heckrotor ist die Vertikalflosse montiert, davor erstreckt sich der durchgehende horizontale Stabilisator.

Beim Einbau der Allison-Turbine konnte man auf Erfahrungen bei der Verwendung im Hughes 500 zurückgreifen.

fes wurde mit einfachen Mitteln und ohne größere sphärische Wölbungen, außer der Verglasung, erreicht.

Der Rotormast mit Rotorkopf und den Blattanschlüssen mit Schlag- und Schwenkgelenken sind in bewährter Weise von der 300 übernommen worden. Das fällt bereits durch die knapp unter der Rotornabe angesetzten Taumelscheibe auf. Dadurch werden nur kurze Blattverstellhebel in Umdrehung versetzt und Schwingungen herabgesetzt. Obwohl das Vorgängermuster 300 sich schon durch das gesamte Fahrtspektrum vibrationsarm bewegte. ist diese Eigenschaft durch den Einbau eines Turbinentriebwerks weiter verbessert. Der 333 bewegt sich konzeptionell in einer Übergangszone, in der ein Kolbentriebwerk leistungsmäßig an seiner Obergrenze angelangt ist.

Bei der Kabinenverlängerung und -verbreiterung wurde durch Strukturverstärkung an einigen Stellen besonderer Wert auf „Crash worthiness" gelegt. Das Kufengestell hat Teleskopdämpfer. Der Hubschrauber ist speziell für Schulung ausgelegt. Das Muster 333 soll auch bis zu vier Personen aufnehmen. Sein günstiger Anschaffungspreis soll die Konkurrenzfähigkeit sichern. Die aerodynamische Form des Rump-

TECHNISCHE DATEN		
Leichter Trainings- und Mehrzweckhubschrauber		
Antrieb	Eine Allison 250 C20 W Gasturbine	
		mit 420 Wellen-PS
Höchstgeschwindigkeit		220 km/h
Reisegeschwindigkeit		190 km/h
Abfluggewicht		1.150 kg
Leergewicht		565 kg
Schwebeflughöhe	mit Bodeneinfluss	3.400 m
	ohne Bodeneffekt	2.590 m
Reichweite		550 km
Flugdauer		4 Std
Rotorkreisflächenbelastung		20,70 kg/qm
Rotordurchmesser		8,40 m
Rumpflänge inkl. Rotorkreis		9,50 m
Höhe		3,30 m

Kleinhubschrauber

Im Verlauf der Entwicklungsgeschichte des Drehflüglers wurde auch ständig versucht, einen Hubschrauber in ultra-leichter Ausführung zu schaffen. Die Motive hierfür waren vielfältig: Es galt, den konstruktiven und finanziellen Aufwand zu minimieren, die Betriebs-kosten niedrig zu halten, den War-tungsaufwand zu vereinfachen und durch Verwendung moderner Werkstof-fe die Sicherheit zu gewährleisten. Auch das Problem der Handhabung und Unterbringung steht keinesfalls im Hintergrund. Man verspricht sich au-ßerdem eine kostengünstigere Schu-lung als bei den größeren Drehflüglern.

So wurden viele interessante und ernsthafte Entwicklungen in die Luft ge-bracht. Auf den folgenden Seiten wer-den einige Modelle stellvertretend für die vielen nicht genannten Muster kurz vorgestellt.

Der CH-7 ist einer der Vertreter der Familie der Kleinhubschrauber.

TECHNISCHE DATEN CH-7	
Helisport, Italien	
Triebwerk	Rotax 914 mit 115 PS Leistung
Reisegeschwindigkeit	209 km/h
Abfluggewicht	450 kg
Leergewicht	275 kg
Kreisflächenbelastung	11,7 kg/qm
Rotordurchmesser	7 m

Die Steuerung auch des kleinen Mini 500 T stellt die gleichen Anforderungen wie bei einem großen.

Werkstatt statt Taktstraße n der Fertigung

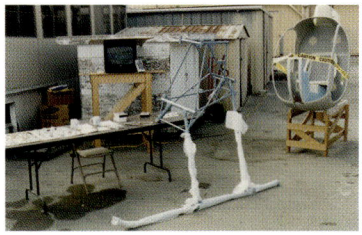

TECHNISCHE DATEN MINI 500T

Stitt Industries Inc., USA	
Triebwerk	Solar T 62
Höchstgeschwindigkeit	155 km/h
Abfluggewicht	350 kg
Leergewicht	155 kg
Kreisflächenbelastung	9,66 kg/qm
Rotordurchmesser	6,8 m

TECHNISCHE DATEN MASQUITO M 80*

Masquito Aircraft, Belgien	
Triebwerk	Masquito 2.6 mit 120 PS
Höchstgeschwindigkeit	180 km/h
Leergewicht	220 kg
Maximales Gewicht	450 kg
Rotordurchmesser	5,4 m
Kreisflächenbelastung	19,6 kg/qm

TECHNISCHE DATEN BONGO*

UNIS, Obchodni Spol, Tschechien	
Triebwerk	Turbine TE-50B mit 2 x 93 PS
Rotordurchmesser	7,4 m
Leergewicht	330 kg
Maximales Gewicht	650 kg
Kreisflächenbelastung	15,12 kg/qm

* (beide ohne Abbildung)

TECHNISCHE DATEN DYNALI

Dynali Helicopter, Frankreich	
Triebwerk	Rotax 914 mit 115 PS
Reisegeschwindigkeit	165 km/h
Leergewicht	300 kg
Maximales Gewicht	560 kg
Kreisflächenbelastung	15,45 kg/qm
Rotordurchmesser	6,8 m

Auch Winzlinge der Hubschrauberei wie dieser Dynali können ein Optimum an aerodynamischen Lösungen repräsentieren. Selbst eine Ummantelung des Heckrotors ist eine Option.

Die konstruktiven Prinzipien im Hubschrauberbau erlauben der technischen Ausführung z. T. große Spielräume. Beim Einbau des Antriebs setzen sich jedoch räumliche Zwänge wieder durch. Trotzdem sind die Lösungen auch einfach.

Das zweckmäßige Image verrät sein Einsatzspektrum: Brandbekämpfung und Feldsprühflüge des Kaman Huskie.

Bildnachweis · Danksagung

Jeff Evans	54, 58, 64, 65,66, 67, 79, 86, 120, 122, 161, 167, 169
Kenji Ikegami	53, 87, 93, 146, 177
Michael Mau	28 oben, 31 oben, 32, 47, 57, 62, 80, 90, 100, 105, 106, 139, 140, 143, 153, 155, 156, 158, 162, 165,170
Milosz Rusiecki	149,
Rony Wenske	29, 116, 135

Alle Zeichnungen stammen von
Helmut Mauch, die Zeichnung auf S. 7
unter Verwendung eines Motivs von
Leonardo da Vinci

Alle übrigen Abbildungen stammen
von den jeweiligen Herstellern

Besonderen Dank möchte ich Herrn
Michael Mau für die großartige
Unterstützung während der Entste-
hung dieses Buches sowie Herrn
Martino Albertalli von der Scuola Volo
Eliticino in Locarno für die spontane
Hilfe ausdrücken. Auch ein aufrich-
tiges Dankeschön den unsichtbaren
Helferinnen und Helfern.

Helmut Mauch